Sanmya Feitosa Tajra
Welinton dos Santos

PLANEJANDO A CARREIRA
GUIA PRÁTICO PARA O DESENVOLVIMENTO PESSOAL E PROFISSIONAL

2ª EDIÇÃO

Avenida Paulista, n. 901, Edifício CYK, 3º- andar
Bela Vista – SP – CEP 01310-100

SAC Dúvidas referentes a conteúdo editorial, material de apoio e reclamações:
sac.sets@somoseducacao.com.br

Direção executiva	Flávia Alves Bravin
Direção editorial	Renata Pascual Müller
Gerência editorial	Rita de Cássia S. Puoço
Aquisições	Rosana Ap. Alves dos Santos
Edição	Paula Hercy Cardoso Craveiro
	Silvia Campos Ferreira
Produção editorial	Daniela Nogueira Secondo
Preparação	Luciano Francisco
Revisão	Gilda Barros
Diagramação	Ione Franco
Imagem de capa	©iStock/GettyImagesPlus/oatawa
Impressão e acabamento	Forma Certa

DADOS INTERNACIONAIS DE CATALOGAÇÃO NA PUBLICAÇÃO (CIP)
ANGÉLICA ILACQUA CRB-8/7057

Tajra, Sanmya Feitosa
   Planejando a carreira / Sanmya Feitosa Tajra, Welinton dos Santos. – 2. ed. – São Paulo : Érica, 2021.
   136 p. (Série Eixos)

   Bibliografia
   ISBN 978-85-365-3365-0

   1. Carreira profissional 2. Carreira profissional - Administração 3. Carreira profissional - Desenvolvimento 4. Carreira profissional - Planejamento I. Título II. Santos, Welinton dos.

20-2099
CDD 650.14
CDU 658.3

Índice para catálogo sistemático:
1. Carreira profissional : Planejamento : Administração

Copyright © Sanmya Feitosa Tajra, Welinton dos Santos
2021 Saraiva Educação
Todos os direitos reservados.

2ª edição
2021

Nenhuma parte desta publicação poderá ser reproduzida por qualquer meio ou forma sem a prévia autorização da Saraiva Educação. A violação dos direitos autorais é crime estabelecido na Lei n. 9.610/98 e punido pelo art. 184 do Código Penal.

| CO | 10516 | CL | 642554 | CAE | 728179 |

AGRADECIMENTOS

Quero registrar meu agradecimento à equipe da Editora Érica por essa jornada que sempre deu certo. Sendo assim, não posso deixar de citar Rosana Aparecida, que tem uma grande importância nesta e em todas as outras publicações que já fiz.

Agradeço aos meus filhos, Marcel e Felipe, por serem meus maiores motivadores e inspiradores. Sou grata aos filhos que tenho.

Por fim, quero agradecer ao meu eterno companheiro, Adilson Ferreira, por estar sempre ao meu lado, trazendo alegria a todos os momentos que compartilhamos. Você me faz muito feliz!

Sanmya Tajra

Quero agradecer à minha família pela compreensão durante o tempo despendido na elaboração deste projeto. Em especial à minha esposa, Jocimara; aos meus filhos, Polyanna, Gabriela, Vitória (*in memoriam*) e Nicholas; aos meus netos, Bruna, Ana, Maria e Pedro; e aos meus pais.

Agradeço a todos que participaram de forma direta e indireta na concepção do livro, em especial aos editores, revisores e diagramadores.

Welinton dos Santos

ESTE LIVRO POSSUI MATERIAL DIGITAL EXCLUSIVO

Para enriquecer a experiência de ensino e aprendizagem por meio de seus livros, a Saraiva Educação oferece materiais de apoio que proporcionam aos leitores a oportunidade de ampliar seus conhecimentos.

Nesta obra, o leitor que é aluno terá acesso ao gabarito das atividades apresentadas ao longo dos capítulos. Para os professores, preparamos um plano de aulas, que o orientará na aplicação do conteúdo em sala de aula.

Para acessá-lo, siga estes passos:

1. Em seu computador, acesse o link: **http://somos.in/PAC2**
2. Se você já tem uma conta, entre com seu login e senha. Se ainda não tem, faça seu cadastro.
3. Após o login, clique na capa do livro. Pronto! Agora, aproveite o conteúdo extra e bons estudos!

Qualquer dúvida, entre em contato pelo e-mail **suportedigital@saraivaconecta.com.br**.

SOBRE OS AUTORES

Sanmya Tajra é bacharel em Administração, mestre em Educação pela Pontifícia Universidade Católica de São Paulo (PUC-SP), doutora em Planejamento Urbano e Regional pela Universidade do Vale do Paraíba (Univap-SP), especialista em Planejamento Estratégico e Sistemas de Informação pela Pontifícia Universidade Católica de Minas Gerais (PUC-MG). Possui MBA em Gestão Empresarial pela Fundação Getulio Vargas (FGV) e é pós-graduada em Gestão de Serviços de Saúde pelo Senac-SP. É *personal professional coaching* pela Sociedade Brasileira de Coaching (SBCoaching), auditora Líder/BVQI, professora de graduação e pós-graduação das áreas de Empreendedorismo, Planejamento Estratégico, Sistemas de Informação e Organização, Sistemas e Métodos, além de outras disciplinas na área da Administração. Já realizou várias consultorias empresariais nas áreas de Planejamento Estratégico, BSC, ISO 9001:2008, Plano de Negócio, Reestruturação Organizacional em empresas públicas e privadas, inclusive na área da saúde. É autora de vários livros na área de Tecnologia Educacional e Gestão na Saúde. Atualmente, é sócia-diretora da empresa de consultoria Tajra Tecnologias.

Welinton dos Santos é economista, mestre em gestão, psicopedagogo clínico e institucional, especialista em EAD, avaliador do Instituto Nacional de Estudos e Pesquisas Educacionais Anísio Teixeira (INEP) dos cursos universitários em EAD, professor universitário, palestrante nacional e colunista internacional (com artigos publicados em mais de 30 países, nos cinco continentes). Atuou na gestão geral de algumas empresas no Brasil, com contratos de serviços em várias multinacionais, sendo responsável por implementar importantes projetos nacionais e internacionais. Consultor e colaborador de várias mídias pelo Brasil. Atua como Diretor Administrativo Financeiro de uma Agência de Regulação. É gestor público, conselheiro fiscal de várias autarquias públicas e presidente de Comissões Tarifárias.

APRESENTAÇÃO

O livro *Planejando a Carreira – Guia Prático para o Desenvolvimento Pessoal e Profissional* apresenta uma série de informações que vão estimular você a refletir e a planejar sua carreira. O conteúdo proposto foi desenvolvido com base em informações do mundo do trabalho e de atualidades do início do século XXI, além de experiências pessoais, que impactaram diretamente em nossas vidas e escolhas profissionais.

No Capítulo 1, é realizada uma análise do atual mundo do trabalho. Além disso, as características do trabalho são observadas em períodos históricos importantes, como as Eras Agrícola, Industrial, da Informação e da Comunicação. Em seguida, são apresentadas informações complementares à Era da Comunicação, em que há uma nova forma de organização social: sociedades conectadas por meio de redes sociais e internet, por exemplo. Por fim, são propostas reflexões sobre o futuro do trabalho e o surgimento de novas profissões. Além disso, há uma avaliação de como o desenvolvimento das cidades impacta o trabalho, visto que decidir onde morar e com o que trabalhar é uma importante questão do século XXI.

O Capítulo 2 explica o que é a Quarta Revolução Industrial (que, ao longo do livro, também chamamos de Mundo 4.0) e por que esse momento histórico é conhecido como Era dos Negócios Digitais. Para aprofundar o tema, há discussões importantes: quais são os novos espaços de trabalho (há o ciberespaço, por exemplo); as diferenças entre o mundo virtual e o real; e o que é a economia digital.

No Capítulo 3, são apresentadas estratégias para que você possa desenvolver uma postura de protagonismo em relação às suas escolhas profissionais. Os temas abordados incluem a superação de barreiras para atuar no mundo do trabalho; estratégias de marketing pessoal; como desenvolver importantes habilidades socioemocionais de profissionais protagonistas; atitudes para transformar pontos fortes em talentos; estratégias de networking. Também serão explicadas outras características importantes para que seja possível desenvolver uma atitude empreendedora diante das oportunidades de vida e carreira.

O Capítulo 4 analisa os diferenciais necessários para um profissional ser bem-sucedido no mercado de trabalho atual. São explicadas as técnicas de aprendizado com base em feedbacks, as técnicas de negociação, a importância de conviver com diferentes perfis de negociadores, como apresentar corretamente seus projetos e como elaborar currículos que conquistem recrutadores.

O Capítulo 5 explica como desenvolver um planejamento prático de carreira e como construir uma boa reputação profissional. Você aprenderá a criar um plano de carreira sólido; entenderá como buscar as melhores oportunidades corporativas e o que é preciso para se tornar um profissional de destaque, desejado pelas empresas; como se desenvolver profissionalmente de forma contínua; e como criar um ambiente favorável para o sucesso profissional.

No Capítulo 6, propõe-se uma reflexão sobre como desenvolver um plano de carreira que leve em conta múltiplos projetos pessoais, isto é, em que o trabalho seja tratado como apenas um componente da vida, dentre vários. Para isso, você será estimulado a avaliar como utiliza seu tempo pessoal e profissional. Serão oferecidas orientações sobre como elaborar um projeto de vida e como se organizar para ter um dia a dia de mais qualidade. Esse projeto incluirá características e valores pessoais, sonhos de longo prazo, objetivos e metas bem-definidos. Você terá a possibilidade de analisar pontos fortes e fracos, ameaças e oportunidades. Esse diagnóstico poderá ser utilizado como elemento transformador de sua vida e carreira. No final do capítulo, há uma atividade prática – o Canvas Pessoal – para pensar sobre sua carreira.

O Capítulo 7 apresenta de forma ampla o que é o trabalho: isso pode significar ter um emprego fixo ou desenvolver uma postura empreendedora para pensar o próprio negócio. Serão apresentados os principais conceitos e as diferenças entre Pessoa Física (PF), Pessoa Jurídica (PJ), profissional autônomo e liberal. Em termos práticos, serão apresentados os direitos e deveres legais referentes aos profissionais com carteira de trabalho assinada (CLT). Também serão discutidos os principais aspectos da Lei do Aprendiz (regido pela CLT) e os contratos de estágio (atividade educacional sem vínculo empregatício). Por fim, para as pessoas que desejam se tornar empreendedoras, serão apresentados os principais tipos empresas e como abri-las.

O objetivo do livro é que, com base nos conteúdos e nas orientações oferecidos, você possa se tornar um profissional mais competitivo, desejado pelo mercado de trabalho. No campo pessoal, que seja capaz de se tornar protagonista, dono das próprias escolhas, e seja capaz de identificar o que tem impacto positivo em sua qualidade de vida.

Os autores

SUMÁRIO

Capítulo 1 – Mundo do Trabalho e Tendências para o Século XXI 13

  1.1 Novas oportunidades no mundo do trabalho: novas profissões, novos mercados e novas formas de empreender 13

  1.2 As fases históricas do trabalho: as eras da humanidade 15

    1.2.1 Era Agrícola 15

    1.2.2 Era Industrial 16

    1.2.3 Era da Informação 16

    1.2.4 Era da Comunicação 17

  1.3 A relação entre o futuro do trabalho e as cidades 21

  Agora é com você! 24

Capítulo 2 – Quarta Revolução Industrial: Era dos Negócios Digitais 25

  2.1 O novo espaço para o trabalho: o ciberespaço 25

    2.1.1 O ciberespaço e a economia digital 26

    2.1.2 Negócios na internet: o e-business 28

    2.1.3 Diferenças entre o mundo virtual e o real 30

  2.2 Mundo 4.0: o que vem com a Revolução 4.0 31

    2.2.1 Imersão na Revolução 4.0 34

  2.3 Dicas essenciais para divulgação em redes sociais profissionais 39

  Agora é com você! 42

Capítulo 3 – Estratégias para o Protagonismo no Mundo do Trabalho 43

  3.1 Como superar as barreiras para o mundo do trabalho 43

  3.2 Estratégias de marketing pessoal 47

  3.3 Estratégias de networking 49

    3.3.1 Construindo sua rede de relacionamentos 57

  3.4 Habilidades socioemocionais dos profissionais protagonistas 58

  3.5 Preparação para os processos seletivos 64

  3.6 Diferentes gerações: novas formas de convivência no ambiente de trabalho 68

  Agora é com você! 70

Capítulo 4 – Diferenciais para o Profissional do Século XXI 71

  4.1 Técnicas para um aprendizado personalizado: o feedback 72

    4.1.1 Passos para um feedback eficiente 72

    4.1.2 Outras considerações sobre feedback 73

  4.2 Habilidades de negociação 74

    4.2.1 Convivendo com diferentes negociadores 76

  4.3 Habilidade de apresentação 77

  4.4 Portfólio profissional: elaboração de currículos 79

  Agora é com você! 80

Capítulo 5 – Projeto de Vida ou Projetos de Vida? 81

  5.1 O tempo da minha vida, o tempo para meu projeto de vida 81

5.2 Por que elaborar um projeto de vida (ou projetos de vida)? 83

5.3 Valores essenciais para alcançar seus objetivos 86

5.4 Meus sonhos e desejos a longo prazo 87

5.5 Meus objetivos e minhas metas 88

5.6 Formas de reconhecimento 88

5.7 Análise das fortalezas e das fraquezas 89

Agora é com você! 90

Capítulo 6 – Planejamento de Carreira: técnicas e orientações ... 91

6.1 Como estruturar o planejamento da sua carreira? 91

6.2 Existe tempo certo para planejar a carreira? 94

6.3 Como buscar as primeiras oportunidades no mundo do trabalho? 94

6.4 Invista na construção positiva da sua marca 95

6.5 Desenvolvimento: a busca contínua pelo crescimento profissional 97

6.6 Crie um ambiente favorável ao sucesso: sua carreira está em suas mãos! ... 100

6.7 Modelagem do posicionamento profissional 103

Agora é com você! 108

Capítulo 7 – Trabalho, Emprego e Empreendedorismo ... 109

7.1 Diferenças entre Pessoa Física, Pessoa Jurídica e trabalhador autônomo ... 109

    7.1.1 O que é Pessoa Física (PF)? 110

    7.1.2 O que é Pessoa Jurídica (PJ)? 110

    7.1.3 O que são os profissionais autônomos e liberais? 110

7.2 O que é trabalho? 111

7.3 Questões legais do trabalho formal: direitos e deveres 111

    7.3.1 O que é a carteira de trabalho e qual é a sua utilidade? 111

    7.3.2 O que é uma jornada de trabalho? 112

    7.3.3 Qual é o valor da hora extra? 112

    7.3.4 O que é banco de horas ou compensação de horas extras? 112

    7.3.5 Pagamentos adicionais 113

    7.3.6 O que é salário? O que é remuneração? 113

    7.3.7 Descanso (férias e folgas) 115

    7.3.8 O que acontece se o trabalhador falta ao trabalho? 117

    7.3.9 Danos e demissões 118

    7.3.10 Benefícios 120

    7.3.11 O que é acidente de trabalho? 122

    7.3.12 Órgãos trabalhistas 122

    7.3.13 Aprendiz e estágio 123

7.4 Modalidades de empresas 126

    7.4.1 Naturezas jurídicas das empresas 126

    7.4.2 Classificação das empresas 128

    7.4.3 Abertura de empresas 129

7.5 Procuram-se talentos! 130

Agora é com você! 132

Referências bibliográficas ... 133

1

MUNDO DO TRABALHO E TENDÊNCIAS PARA O SÉCULO XXI

PARA COMEÇAR

Neste capítulo, vamos contextualizar o mundo no início do século XXI. Aprenderemos sobre a realidade do mundo globalizado, as fases históricas da humanidade, como a sociedade se organizou em redes e as novas formas de comunicação. Além disso, vamos refletir sobre como devemos nos posicionar pessoal e profissionalmente nessa conjuntura.

1.1 Novas oportunidades no mundo do trabalho: novas profissões, novos mercados e novas formas de empreender

Com as constantes mudanças no mundo globalizado em que vivemos, há também frequentes mudanças a respeito do significado do trabalho e quais são as suas características. Quanto mais o conhecimento e as informações sao disseminados por diversas mídias, maiores são as chances de as ocupações profissionais se transformarem, assim como a forma como vivemos.

As mudanças são rápidas, portanto estar sempre atualizado é imprescindível. É importante ler diversos tipos de livros, realizar pesquisas, estudar novos temas e ampliar as redes de relacionamentos, por exemplo. Além disso, as novas redes de comunicação podem influenciar e até redefinir cargos e empregos no futuro.

Este livro oferece práticas e dicas importantes para que seja possível acompanhar as mudanças e se transformar pessoal e profissionalmente nesse contexto. O objetivo é desenvolver sua capacidade de analisar as atuais relações existentes no mundo do trabalho, as novas formas de se relacionar e como aprender continuamente.

Todos os dias são identificadas novas tendências, que demandam o desenvolvimento de novas habilidades. Nesse cenário, há uma real necessidade de pensar e desenvolver um projeto de vida que inclua um planejamento de carreira. Esse planejamento deve objetivar as melhores oportunidades oferecidas pelo mercado, além de refletir sobre estratégias de crescimento para que seja possível se tornar um profissional qualificado.

No século XXI, as profissões e as atividades do mundo do trabalho tornaram-se mais dinâmicas. Os profissionais são valorizados por características como criatividade, postura protagonista e empreendedora, capacidade de interação interdisciplinar entre diversas áreas de conhecimento. Além disso, são valorizadas atitudes que consideram e estimulam a preservação do meio ambiente, as ações sociais e culturais, e que respeitem os direitos básicos da vida.

Nesse contexto, diversas profissões têm surgido no mercado. Por exemplo, administradores de redes sociais; técnicos especializados em energia solar; tecnólogos de criogenia (profissional que estuda a produção de temperaturas muito baixas e seus fenômenos); engenharia de tecidos, para a produção de tecidos artificiais para o corpo humano; *coach* em finanças pessoais; cuidador de animais exóticos; *chef* de cozinha em domicílio, entre outros.

FIQUE DE OLHO!

No Brasil, as ocupações brasileiras são catalogadas na Classificação Brasileira de Ocupações (CBO). Essa catalogação faz parte das atividades do Ministério do Trabalho e Emprego (MTE), que define quais as ocupações profissionais podem ser incluídas na Carteira de Trabalho. Muitas novas profissões ainda não foram catalogadas. Para conferir o que já é aceito, acesse o link <http://www.mtecbo.gov.br>.

Sem dúvida, a tendência é que surjam muitas outras profissões e ramos de atividades diferentes, ainda pouco explorados. Tudo indica que, cada vez mais, teremos necessidades de profissionais para atuar nas seguintes áreas:

- novos tipos de infraestrutura;
- preservação do meio ambiente com foco na economia verde;
- inteligência artificial para prevenção e cura de doenças;
- energias alternativas (como eletricidade sem fio, energia eólica, solar, biomassa);
- biotecnologia e biocombustível (por exemplo, o etanol celulósico);
- indústria química, com o uso do bio n-butanol (usado em larga escala na produção de tintas e solventes);
- logística reversa, isto é, meios para viabilizar a coleta e a restituição dos resíduos sólidos ao setor empresarial, em geral para reaproveitamento.

As oportunidades podem ter foco em sustentabilidade, biomedicina, telemarketing, ciências da nutrição, ciência do desporto, construção civil de práticas sustentáveis, agricultura, educação, serviços públicos.

Também é possível aos empreendedores escolher novas áreas de atuação, com diferentes modelos de negócio, seja em cooperativas dos diversos segmentos, associações com foco sociocultural, startups tecnológicas, centros de desenvolvimento de pesquisas, entre outras.

Com tantas transformações em curso, é preciso planejar o futuro profissional, mas sem deixar de lado as metas da vida pessoal. Isso significa encontrar um equilíbrio, vislumbrando tornar-se um profissional e uma pessoa melhor. Essa pode ser a chave para conseguir se destacar num mundo cada vez mais competitivo e globalizado.

Mas, no passado, nem sempre o mundo do trabalho foi tão dinâmico e inovador. A seguir, apresentaremos fatos importantes para o desenvolvimento da humanidade nessa área.

1.2 As fases históricas do trabalho: as eras da humanidade

Como base para refletir sobre os momentos que influenciaram o desenvolvimento do trabalho ao longo dos séculos, utilizaremos as ideias do escritor estadunidense Alvin Toffler, descritas nos livros *O Choque do Futuro* (1970) e *A Terceira Onda* (1980). O autor, conhecido por suas ideias sobre futurismo, debruçou-se sobre temas como revoluções digital, da comunicação e das tecnologias.

Em *O Choque do Futuro* e *A Terceira Onda*, Toffler analisa como a humanidade se organizou ao longo de sua evolução histórica, estabelecendo novas relações econômicas, políticas, culturais e sociais. Além disso, ele aborda o desenvolvimento da comunicação e da tecnologia e seus impactos diretos em cada um desses períodos.

Para explicar suas teorias, Toffler (1980) agrupou os estágios do desenvolvimento humano em "Eras" ou "Ondas". Essas eras são Agrícola, Industrial e da Informação (também conhecida como *Sociedade da Informação e do Conhecimento*).

Com base nas duas obras citadas, apresentaremos as principais características de cada estágio da evolução da humanidade. Observe as mudanças ocorridas nos sistemas produtivos e de trabalho.

1.2.1 Era Agrícola

De acordo com Toffler (1980), a Primeira Onda durou dez mil anos e caracterizou-se pelas atividades rural (muito rudimentar) e na terra, com o desenvolvimento da agricultura. Ela ocorreu no período neolítico. Nesse período, houve a exploração do setor primário da economia, com o homem e sua família satisfazendo necessidades essenciais (alimentação, sobrevivência, trabalho, lazer, convívio) em torno de moradias primitivas ou cabanas. Observe a Tabela 1.1.

Tabela 1.1 - Onda ou Era Agrícola

Estrutura	Forma
Forma de geração de riqueza	Cultivo da terra e conquistas territoriais.
Sistema de produção	Sistema de produção agrícola. Os insumos para a produção era a terra, os produtos agrícolas e o trabalho do ser humano, sendo este o produtor da energia.
Produção	Geralmente em baixa escala, baseada na subsistência; e artesanal (manual), atendendo às necessidades pontuais de consumo.
Produtor	Artesão, que também era considerado "dono" do próprio negócio.
Visão do processo	Sistêmica. O artesão era responsável por todo o processo, e o dominava do começo ao fim (compras, produção e venda).
Valorização do ser humano	Força física. Trabalho físico e muscular.
Forma de comunicação	Linguagem verbal presencial e escrita por meio de papiros, registros em cavernas.

1.2.2 Era Industrial

Para Toffler (1980), a Segunda Onda surgiu da atividade industrial tradicional, constituindo o setor secundário, e durou trezentos anos. Foi iniciada no século XVIII. Nessa era, o homem trabalhava na indústria fazendo movimentos constantes de repetição (por exemplo, apertar um parafuso) ao longo de toda a jornada de trabalho. Para acelerar a produção, o homem aproveitou-se das tecnologias – como automação industrial – para produzir mais e em menos tempo. Nessa fase, o homem deixa o campo e se desloca para os centros industriais. Observe a Tabela 1.2.

Tabela 1.2 - Onda ou Era Industrial

Estrutura	Forma
Forma de criação de riqueza	Produção industrial e comércio de bens.
Sistema de produção	Sistema de produção industrial. Os insumos para a produção eram: as fábricas, máquinas e equipamentos, matéria-prima, energia, trabalho e capital financeiro.
Caracterização da riqueza	Número de prédios, equipamentos, funcionários, inventário: o que fosse considerado tangível (bens físicos).
Visão do processo	Cartesiana, fragmentada, especializada. O importante era ter uma visão aprofundada das partes.
Valorização do ser humano	Baseada na obediência às regras e instruções, disciplina e força física.
Constituição familiar	Família nuclear constituída por marido, mulher e filhos.
Ciclo de vida dos produtos e empresas	Produtos com longa durabilidade, empresas com estabilidade e longevidade.
Poder da mídia	Centralizado em poucas organizações.
Forma de comunicação	Verbal, escrita, difusão da imprensa, rádio, televisão. Nesse período, a comunicação se concentrava em poucas e grandes organizações. O poder era centralizado nelas e controlado por elas.

1.2.3 Era da Informação

A Terceira Onda descrita por Toffler (1980) caracteriza-se pelo início da fase do setor terciário e ocorre a partir dos anos de 1950. Nesse momento, a informação é a base da economia. Os serviços são informatizados, os computadores começam a se tornar mais acessíveis, a engenharia desenvolve-se em áreas como robótica e microprocessadores.

Em suas previsões para o futuro, Toffler (1980) imaginou a revolução da informática. Observe a Tabela 1.3.

Tabela 1.3 - Onda ou Era da Informação

Estrutura	Forma
Forma de criação de riqueza	Informação e conhecimento. Na medida em que o conhecimento se faz presente, os demais meios (terra, capital, equipamentos) se tornam menos importantes.
Sistema de produção	Sistema industrializado, com foco no cliente. Produção em pequenos lotes e em menores escalas, conforme a necessidade do cliente. Baseado na rapidez (*just in time*) e em sistemas complexos de informação e comunicação. O planejamento é cada vez mais valorizado para antecipar a solução de problemas.
Caracterização da riqueza	O mais importante é intangível, o que torna difícil a mensuração: conhecimento, marcas, patentes, pesquisas.
Valorização do ser humano	Trabalhador que participa, pensa e é criativo.
Constituição familiar	Surgem novas formas de organização familiar (pais divorciados, casamentos entre pessoas do mesmo sexo, por exemplo).
Poder da mídia	Descentralizado, com a participação de várias organizações e canais.
Ciclo de vida dos produtos e empresas	Curto. Os produtos se tornam cada vez mais descartáveis; as organizações passam por fusões, compras e vendas.
Forma de comunicação	Verbal e escrita, especialmente com a difusão da imprensa por meio do rádio, da televisão e da internet. Início da descentralização dos meios de comunicação. Disseminação das redes de computadores, ampliação das comunicações por satélite e fibra óptica.

AMPLIE SEUS CONHECIMENTOS

A Era da Informação também é conhecida como Era da Informação e do Conhecimento. Ela tem esse nome porque se notou que a informação isolada não tinha utilidade. Era preciso saber organizá-la e interpretá-la para tomar decisões, resolver problemas e gerar benefícios para a sociedade. Conhecer significa saber utilizar corretamente as informações.

Fonte de pesquisa: TAJRA, S. F. **Informática na Educação**. 10. ed. São Paulo: Érica, 2019.

1.2.4 Era da Comunicação

Atualmente, estamos vivendo a Era da Comunicação. Esse período se caracteriza pelos avanços nos setores de tecnologia e telecomunicações. Observe como característica desse período:

- desenvolvimento da rede de computadores;
- as informações são transmitidas quase instantaneamente pela internet;
- força das parcerias entre empresas;
- a produtividade dos funcionários pode ser medida pela criatividade;
- as empresas duram menos tempo no mercado;
- valorização do ser humano por sua capacidade de inovação e criação.

Ao observar os momentos mais importantes do desenvolvimento da humanidade, percebemos que a ampliação da tecnologia foi fundamental para que o ser humano mudasse de fase. A comunicação também teve um papel importante. Podemos citar a invenção da escrita, a prensa de tipos móveis de Gutenberg, a capacidade de circum-navegação, o telégrafo, o telefone e o satélite.

A integração social proporcionada pela junção da internet com telefones celulares, o que fez surgir os smartphones, nunca foi vista anteriormente. A troca de informações é quase instantânea e as pessoas logo têm acesso a fatos e notícias.

Esse tipo de nova comunicação é síncrona, sendo necessário apenas que o emissor e o receptor estejam disponíveis ao mesmo tempo. O programa de troca de mensagens ou videoconferência Skype, por exemplo, é um exemplo de comunicação síncrona.

Além disso, há também a comunicação assíncrona, que permite uma comunicação entre pessoas de locais, cidades ou até mesmo países diferentes, em momentos diferentes. O e-mail é um exemplo de comunicação assíncrona, enquanto o WhatsApp permite a comunicação síncrona e assíncrona.

A internet mudou a forma como as sociedades percebem as questões ligadas à passagem do tempo ou às fronteiras físicas.

Em termos econômicos, a internet possibilitou a criação de um novo espaço para o desenvolvimento de negócios: o espaço virtual ou ciberespaço. Isso tem impactado drasticamente a forma de atuação de muitos segmentos de negócios. A Tabela 1.4 mostra alguns exemplos.

Tabela 1.4 - Mudanças de paradigmas em algumas modalidades de negócios

Negócios/segmentos	Impactos e algumas mudanças
Bancos	Muitas operações bancárias são realizadas por meio de sites ou aplicativos bancários.
Correios	Grande parte do negócio inclui entregar mercadorias compradas via e-commerce. Praticamente não há mais envio de carta em papel.
Fábrica de brinquedos	Foco no desenvolvimento de brinquedos eletrônicos, como videogames.
Agências de publicidade	Ampla utilização de mídias digitais para implementação de campanhas de marketing.
Livrarias	Compra de livros em livrarias on-line.
Comércio	Um número considerável de lojas varejistas também vende seus produtos em lojas virtuais.
Cartório	Já existem cartórios que realizam várias atividades de forma virtual.
Educação	Ampliação de cursos que oferecem educação a distância (EaD). O *e-learning* existe por causa da internet.
Turismo	Compra de passagens aéreas, reservas de hotéis e pesquisas de roteiros de viagens podem ser feitos pela internet.
Recrutamento e seleção	Antes, para participar de um processo seletivo, era preciso ir até a empresa para entregar o currículo ou enviar pelo correio. Hoje, o currículo é cadastrado no banco de talentos on-line das organizações. Boa parte do processo seletivo pode ser feito pela internet.

A internet promoveu mudanças nos negócios já existentes e proporcionou a criação de vários novos serviços e tipos de emprego e trabalhos. A partir desse momento, as pessoas começaram a desenvolver mais rapidamente novas habilidades e competências profissionais para atender às mudanças do mercado.

1.2.4.1 Impactos da Era da Comunicação: a sociedade em rede

As novas tecnologias conectadas à internet – computadores, notebooks, smartphones – permitiram que a informação e a comunicação se ampliassem e possibilitassem acesso a inúmeros tipos de conhecimento e a partir de qualquer lugar. Por exemplo, as pessoas podem ler notícias em casa, no trabalho ou na escola.

> **/// AMPLIE SEUS CONHECIMENTOS**
>
> Um estudo da FGV realizado em 2019 apontou que o Brasil chegou a 420 milhões de aparelhos digitais ativos (smartphones, computadores, notebooks e tablets). Isso significa uma relação de 2 dispositivos digitais por habitante no país. A previsão é que haja 240 milhões de smartphones ativos no país nos próximos anos.
>
> Para mais informações, consulte: MEIRELLES, F. S. **Trigésima Pesquisa Anual do Uso das TIs nas Empresas**. 2019. Disponível em: <https://bit.ly/2S0P0Dw>. Acesso em: 27 jan. 2020.

No espaço virtual, a sociedade conectou-se em torno das redes, tornando-se "sociedades em rede". Ou seja, as pessoas se agrupam a partir de afinidades e objetivos em comum. Existem diversos tipos de redes, como redes de conhecimentos especializados, redes políticas, redes educacionais, redes religiosas, redes profissionais, redes de amizades, dentre outras.

Figura 1.1 - No espaço virtual, a realidade também pode ser virtual.

Um dos fatores que favoreceu a sociedade a se transformar em rede, além dos fatores das tecnologias digitais, foi o advento da globalização, que permitiu um maior contato entre as pessoas em função da eliminação das barreiras políticas, econômicas, culturais e sociais entre os países. O processo da globalização foi fortalecido pelas tecnologias da informação e da comunicação, facilitando o desenvolvimento de diferentes grupos conectados nos ambientes virtuais.

Mesmo com todos os avanços apresentados, o acesso à informação ainda não acontece de forma democrática para todos. Em países com menor desenvolvimento, as pessoas têm menos acesso a novas tecnologias, porque não existe infraestrutura adequada ou quando podem usufruir, nem sempre o preço é viável. Há também países que ainda possuem suas economias e culturas fechadas e não permitem o livre acesso às informações, sendo estas controladas pelo governo, como é o caso da China.

É possível afirmar que as transformações na comunicação são fundamentais para que haja importantes mudanças sociais.

1.2.4.2 A comunicação na Era da Comunicação

Quando falamos de comunicação na Era da Comunicação, podemos nos referir a diferentes ferramentas, que impactam diretamente na nossa forma de trocar informações, nos relacionar e trabalhar. Veja a seguir algumas dessas ferramentas.

- **WhatsApp**: aplicativo multiplataforma que permite a troca de mensagens pelo smartphone, sem custos adicionais como acontecia no envio de SMS. Além de enviar mensagens virtuais para outro usuário cadastrado em sua lista telefônica, os usuários podem criar grupos, enviar imagens, vídeos e arquivos de áudio.
- **Twitter**: rede social estilo blog, mas com limitação de caracteres por postagem (limite de 240 caracteres).
- **Facebook**: rede social para compartilhamento de textos, fotos, vídeos e mensagens, de forma individual ou em grupos. É uma importante ferramenta para anúncios publicitários.
- **LinkedIn**: rede social que reúne pessoas interessadas no mercado corporativo. É possível divulgar o currículo, aplicar para vagas, fazer networking e compartilhar textos, imagens e vídeos com foco profissional. Há grupos acadêmicos e profissionais para troca de informação.
- **YouTube**: plataforma que permite aos usuários carregar e compartilhar vídeos de todos os temas. É uma importante ferramenta para anúncios publicitários.
- **Instagram**: aplicativo gratuito para compartilhamento de fotos e vídeos, além de troca de mensagens (chamada mensagem direta). É uma importante ferramenta para anúncios publicitários.
- **Snapchat**: aplicativo para compartilhamento de vídeos, que ficam no ar por apenas 24 horas e, depois, são instantaneamente apagados.
- **WordPress:** sistema livre voltado para a criação de páginas eletrônicas e blogs on-line. O sistema de gestão é aberto ao usuário com banco de dados MySQL com execução de um servidor interpretador.
- **Livestream**: plataforma de streaming de vídeo. Os usuários podem assistir e transmitir vídeos pela internet sem ter que baixá-los nos computadores.

Com a ampliação da comunicação virtual, surgiram termos específicos que os usuários costumam utilizar. Por exemplo, as fotos de perfil nas redes sociais são chamadas de "avatar"; existem os "haters", que são as pessoas que criticam virtualmente marcas ou artistas.

Em geral, a comunicação na internet é mais rápida e informal e, assim, as pessoas – em especial os jovens – foram desenvolvendo formas diferentes de escrita, que pudessem acompanhar essa rapidez. Por exemplo, algumas palavras foram reduzidas a apenas consoantes ("cmg", que significa "comigo"; "ctz", que significa "certeza"). Também passaram a utilizar imagens gráficas, os emoticons, para expressar sentimentos.

 está triste

 está feliz

Observe que essa nova linguagem não costuma obedecer às normas cultas de escrita de um idioma, mas já tem sido incorporada ao dicionário em diversos países. A iniciativa de incorporá-las aos dicionários partiu do *Oxford English Dictionary*, principal dicionário de língua inglesa, que desde 2013 inclui termos utilizadas em redes sociais.

As redes sociais podem nos auxiliar na busca de novos conhecimentos, mas também podem causar problemas se houver exposição de informações, imagens ou vídeos inapropriados ou opiniões ou posicionamentos preconceituosos. É preciso saber o que compartilhar e em qual rede social, visto que as redes sociais permitem estar exposto a milhares de pessoas.

Outro dado importante, muito comum nos dias atuais, refere-se aos **Fake News** (informações falsas divulgadas pelas redes sociais), termo usado desde o século XIX, mas que ganhou relevância com a divulgação nas redes sociais. A imprensa internacional deu grande ênfase a esse termo a partir de 2016, na vitória a presidente de Donald Trump na eleição dos Estados Unidos.

> **FIQUE DE OLHO!**
>
> No Capítulo 4, apresentaremos mais informações sobre como a internet impacta a geração de oportunidades, inclusive a criação de empregos ou novas formas de gerar riquezas.

1.3 A relação entre o futuro do trabalho e as cidades

Uma das grandes formas de pensar na atualidade está associada com a decisão de onde queremos morar, depois que pensamos onde queremos trabalhar. Essa mudança de percepção altera a forma como organizamos nossos interesses, priorizando a cidade em relação ao trabalho.

Essa mudança impacta diretamente na organização das cidades, das regiões rurais ou qualquer outro espaço habitado pelas pessoas. É fundamental cuidar de todos os espaços, em especial porque agora todos os ambientes são passíveis de gerar negócios. Basta estar conectado em rede a um computador. Essas mudanças acarretam novas formas de trabalhar, novas profissões e a necessidade de desenvolver novas habilidades e competências.

Figura 1.2 - O mundo digital amplia as possibilidades de negócio.

Para falar sobre o trabalho nos grandes centros urbanos, torna-se urgente pensar em soluções para problemas recorrentes, como descarte de lixo, falta de saneamento básico, produção e distribuição de alimentos, acesso à saúde e cultura, ocupação dos territórios urbanos, ampliação da oferta dos meios de transporte e melhorias na mobilidade, sustentabilidade social, cultural, ambiental e econômica.

Nesse aspecto, as tecnologias inovadoras podem ser fundamentais para encontrar possíveis soluções. Clarke[1] afirma que a tecnologia gera oportunidades para criação de serviços e profissões inteligentes para as cidades. Assim, é preciso pensar em aspectos como:

- **Eficiência energética:** com as mudanças climáticas, é fundamental pensar em temas como clima e sustentabilidade. É preciso entender como otimizar e aperfeiçoar ações relacionadas a iluminação urbana; transportes coletivos e alternativos; consumo eficiente de recursos (como água e energia) para reduzir a emissão de poluentes na atmosfera.
- **Serviços públicos digitais:** com o aumento do uso de aplicativos móveis, os governos precisam ampliar seu contato virtual com a população. Isso pode promover transparência nas ações e resultados, além de melhoria no atendimento aos cidadãos.

Aplicativos e plataformas podem ajudar os governos a reunir informações importantes e específicas sobre as populações sob sua gestão. A partir da análise desse conjunto de informações por meio de *big datas*, será possível definir novas estratégias de atuação, mais eficazes e direcionadas.

A Organização das Nações Unidas (ONU), em seu estudo *The World Population Prospects: The 2017 Revision*[2], publicado em junho de 2017, diz que a população mundial será de 8,6 bilhões de pessoas em 2030. Assim, para atender às novas demandas, os governos necessitam pensar de forma urgente na reestruturação de cidades. O intuito é oferecer mais qualidade de vida com base nos recursos disponíveis. Essas novas demandas vão exigir a existência de profissionais qualificados e especialistas em diversas áreas para atender às demandas das cidades.

---

1 ADAPTADO DE CLARKE, R. Y. **SMART CITIES AND THE INTERNET OF EVERYTHING**: THE FOUNDATION FOR DELIVERING NEXT-GENERATION CITIZEN SERVICES. IDC GOVERNMENT INSIGHTS, 2013.
2 O ESTUDO CITADO ESTÁ DISPONÍVEL NO LINK <HTTPS://BIT.LY/36CBIAE>. ACESSO EM: 2 FEV. 2020.

AMPLIE SEUS CONHECIMENTOS

Você sabia que novos serviços, produtos e profissões surgirão a partir da tecnologia do grafeno?

Os pesquisadores Andre Geim, nascido na Rússia e cidadão holandês, e Konstantin Novoselov, com cidadania britânica e russa, ganharam o prêmio Nobel de Física em 2010 pelo desenvolvimento de experimentos inovadores com o grafeno.

O grafeno é uma das formas mais cristalinas do carbono. Esse material tem as seguintes características: é maleável, super-resistente (é 200 vezes mais resistente que o aço), fino como um fio de cabelo, flexível como plástico, excelente condutor de calor e veloz processador de dados. Esse material pode substituir o silício e promover uma nova revolução na indústria.

De acordo com especialistas, a engenharia eletrônica tem utilizado o grafeno para o desenvolvimento de novos componentes e computadores. Já existem indústrias que utilizam essa tecnologia na produção de veículos, aviões, celulares, satélites, células solares, coletes à prova de balas, por exemplo.

Complemente sua leitura com os links: <https://bit.ly/2RXATPw> e <https://bit.ly/2O9vUtJ>. Acesso em: 2 fev. 2020.

A partir do desenvolvimento de novas tecnologias (e consequentemente novos tipos de trabalho) tem sido possível desenvolver soluções inovadoras para problemas recorrentes nas cidades que fazem parte do cotidiano da vida das populações, como: reciclagem de pneus para pavimentação de ruas; utilização de biodigestor para o tratamento biológico de efluentes; geração de biogás como alternativa ao gás de cozinha (GLP) e chuveiros elétricos com trocadores de calor para reciclar energia.

O acesso democrático à cultura também é essencial para diminuição dos contrastes sociais. O foco deve ser maior e melhor disseminação de conhecimentos entre o coletivo popular e união de grupos distintos em prol de uma sociedade mais justa. A cultura desenvolve o indivíduo e possibilita novas formas de enxergar o mundo, inclusive o trabalho.

Ainda com foco no presente e no futuro, é importante planejar ações em prol da sociedade incluindo alternativas que considerem a sustentabilidade ambiental. Existem exemplos bem-sucedidos, como proteção dos recursos hídricos e saneamento básico, o que diminui os custos do tratamento de esgoto e água. Diversas oportunidades podem gerar trabalhos, como:

- no campo, geração de eletricidade a partir do bagaço da cana-de-açúcar;
- na indústria de construção civil, o coprocessamento de cascas de arroz para fabricação de argamassa;
- matérias-primas de origem vegetal como alternativa ao plástico;
- logística reversa (reciclagem).

Um dos focos da sustentabilidade baseia-se na economia verde, caracterizada por processos produtivos cujo objetivo é gerar desenvolvimento sustentável, seja nos aspectos ambiental ou social. Assim, no médio e longo prazos, diversas populações poderão se beneficiar em termos de trabalho, ocupação e geração de riquezas.

A responsabilidade ambiental é um dos focos da maioria dos projetos estratégicos da atualidade, seja no âmbito empresarial ou público. Com isso, surgem novos trabalhos que demandam novas habilidades e competências em diversas áreas de pesquisa e desenvolvimento.

AMPLIE SEUS CONHECIMENTOS

A Organização das Nações Unidas (ONU) oferece cursos on-line gratuitos como parte do Programa de Capacitação em Energias Renováveis, o que pode ser mais uma oportunidade. Acesse os links <https://bit.ly/370zk9L> ou <http://www.onu.org.br/>. Conheça também a cartilha *Desenvolvimento industrial inclusivo e sustentável – Criando a prosperidade compartilhada | Protegendo o meio ambiente* (2014): <https://bit.ly/3aUV5Kj>. Acesso em: 2 fev. 2020.

Como observamos, estamos em plena transformação tecnológica e precisamos nos adequar a essa nova realidade. Pense, reflita e interaja com essa nova realidade. O futuro é agora!

VAMOS RECAPITULAR?

Aprendemos que o mundo atual passa por mudanças, inclusive no trabalho, e o desenvolvimento de novas habilidades é fundamental para quem deseja continuar inserido no mercado.

Novas profissões surgem a todo instante com essa nova dinâmica globalizada. Existe também uma crescente necessidade de criar produtos sustentáveis, o que gera automaticamente o desenvolvimento de novas oportunidades de serviços.

Estudamos as teorias do escritor Alvim Toffler, que dividiu o mundo em três Eras ou Ondas. Ele analisou a geração de riquezas na Onda Agrícola (baseada no domínio de terras e na produção de baixa escala); na Onda Industrial (baseada nos equipamentos e na produção em massa); na Onda da Informação (baseada no poder da informação). Outros autores incluíram a Era da Comunicação, em que a tecnologia pode ser usada para gerar riquezas. Com isso, aprendemos que atualmente a sociedade está conectada em redes.

Vimos também que, entre as novas tecnologias que podem revolucionar o futuro do trabalho, está o grafeno, material resistente, de fácil condutividade, flexível. Esse material impacta diretamente na produção da engenharia eletrônica, ao mesmo tempo em que auxilia na criação de novas oportunidades de negócios.

Por fim, observamos que as estratégias ambientais já fazem parte da maioria das ocupações profissionais e empresariais.

AGORA É COM VOCÊ!

1. Como podemos nos atualizar diante de tantas mudanças que estão ocorrendo no trabalho?

2. Quais são as Eras ou Ondas históricas da humanidade, de acordo com as teorias do escritor Alvin Toffler? Como o trabalho se organizou em cada uma dessas eras? Quais foram os principais insumos de geração de riquezas utilizados?

3. Com base no conteúdo deste capítulo, opine sobre como será o trabalho no futuro. Quais serão as principais características das novas ocupações?

4. Qual foi o trabalho desenvolvido pelos cientistas Andre Geim e Konstantin Novoselov, que rendeu a eles o prêmio Nobel de Física em 2010? Relate os principais ganhos de conhecimento a partir desse trabalho.

2

QUARTA REVOLUÇÃO INDUSTRIAL: ERA DOS NEGÓCIOS DIGITAIS

PARA COMEÇAR

Neste capítulo, trataremos do novo espaço para geração de oportunidades de trabalho e aprendizado: o ciberespaço ou espaço digital, que surgiu como parte da evolução da tecnologia da informação e da comunicação e, em específico, a Internet. Também analisaremos as novas formas de promover relacionamentos a partir do uso das redes digitais e o impacto que elas possuem sobre os negócios; as características do mundo digital × mundo real, dos negócios virtuais (e-business) e o e-commerce. Além disso, oferecemos dicas de como ampliar as possibilidades de trabalho e negócios ao utilizar as redes sociais.

2.1 O novo espaço para o trabalho: o ciberespaço

Neste capítulo, vamos abordar o trabalho no contexto das novas realidades do mercado, considerando a competitividade, a necessidade de estimular o espírito empreendedor e até mesmo de reconfigurar a sociedade. O objetivo é favorecer o maior número possível de pessoas, afinal, estamos na fase da sociabilidade digital.

A sociedade vivenciou no final do século XX importantes mudanças tecnológicas. Essas transformações promoveram uma nova forma de relacionamento entre as pessoas, possibilitaram a difusão de informações e experiências em tempo real, o que permitiu a disseminação de conhecimentos numa rapidez inédita. Tudo isso trouxe mudanças significativas para o sistema de trabalho e as formas de trabalhar.

O ciberespaço ou espaço digital é o novo espaço da economia no mundo tecnológico. É nesse contexto que surge a Geração Digital, também chamada de Geração Net ou N-Gen (TAPSCOTT, 1999).

/// AMPLIE SEUS CONHECIMENTOS

Conheça os momentos que marcaram a evolução da internet:

- **Década de 1950:** durante a Guerra Fria, o governo estadunidense criou a agência Defense Advanced Research Projects Agency (DARPA), com o objetivo de pesquisar e desenvolver alta tecnologia para as Forças Armadas dos Estados Unidos, em especial para competir com a tecnologia soviética.

- **Década de 1960:** a DARPA criou a Advanced Research Projects Agency Network (ARPANET), isto é, a Agência de Projetos de Pesquisa Avançada. A ARPANET foi a primeira rede de computadores desenvolvida pelos norte-americanos, cujo objetivo era ser um meio robusto para transmitir dados militares sigilosos e interligar os departamentos de pesquisa por todo o país. Em 1969, o Departamento de Defesa dos Estados Unidos desenvolveu o modelo TCP (*Transmission Control Protocol*) e IP (*Internet Protocol*), que é um conjunto de protocolos de comunicação. No dia 29 de outubro de 1969, foi estabelecida a primeira conexão entre a Universidade da Califórnia e o Instituto de Pesquisa de Stanford, ambos nos Estados Unidos.

- **Década de 1970:** as universidades começaram a se conectar para trocar informações via ARPANET. O objetivo militar começou a ser substituído pelo objetivo acadêmico. Em 1973, foi realizada a primeira conexão internacional da ARPANET entre a Inglaterra e a Noruega.

- **Década de 1980:** em 1983, o TCP/IP foi adequado ao modelo OSI e definido como padrão de comunicação de redes, o que permitiu a comunicação entre computadores de diferentes plataformas. Em 1984, desenvolveram o DNS (*Domain Name System* ou Sistema de Nomes de Domínios), que funciona como um sistema de tradução de endereços IP para nomes de domínios.

- **Década de 1990:** explosão de acessos à internet, inclusive entre a população civil, que passou a ser comercializada por empresas e grandes corporações.

- **Década de 2000:** surgem os aparelhos que oferecem conexão à internet, como no caso das TVs inteligentes; desenvolvimento do e-commerce, em que as lojas físicas começam a fazer vendas online; ferramentas para bate-papo instantâneo e videoconferência, por exemplo.

- **A partir de 2012:** surge a Internet 2. Essa internet era restrita a pesquisadores que trabalhavam com a internet e tinham alguns objetivos, como a transmissão em tempo real (sem atrasos nem interrupções) de arquivos de todos os tipos e tamanhos (até vídeo de tela cheia, na mais alta resolução).

2.1.1 O ciberespaço e a economia digital

Afinal, vivemos na Era da Informação, da Comunicação ou do Conhecimento? Na realidade, todas as três estão interconectadas e compõem a Era Digital, também conhecida como a era da Economia Digital.

Agora, você pode estar se perguntando qual é a relação da economia digital com este livro, que é sobre planejamento da carreira. Fique tranquilo: os temas estão totalmente conectados, pois uma nova economia gera novas possibilidades de emprego, demanda novas habilidades e potencialidades.

Nessa fase de economia digital, a web já passou por três fases, de acordo com Marc Benioff, fundador, presidente e co-CEO da Salesforce, empresa de computação em nuvem corporativa. Veja a seguir.

- ▸ **Primeira fase da Web ou Web 1.0**: fase de transações e buscas, com destaque para sites como Amazon, Google e eBay.

- ▸ **Segunda fase da Web ou Web 2.0**: estímulo à participação dos usuários. Surgem sites como Flickr (para hospedagem de imagens), YouTube (hospedagem de vídeos), Blogger e Wordpress (hospedagem de blogs).

▶ **Terceira fase da Web ou Web 3.0**: os usuários produzem conteúdo e publicam em plataformas como Twitter, Facebook, WhatsApp e LinkedIn. Essas ferramentas permitem interação, networking, troca de ideias, compartilhamento de informações.

/// AMPLIE SEUS CONHECIMENTOS

Você sabia que foi Marc Benioff, CEO da Salesforce.com, quem implantou o primeiro serviço empresarial no conceito de Cloud Computing (sistemas de internet em nuvem)? Enquanto as grandes empresas do mercado como Microsoft, Oracle, Symantec, Adobe e outras buscavam a venda de software de caixinha (com manuais e mídia em CDs e DVDs), ele colocou a Salesforce em vários servidores da web e começou a vender no formato CRM em Cloud Computing, ou seja, todos os serviços na rede de computadores (internet), de tal forma que ficassem disponíveis para todos a qualquer momento e de qualquer local. Por ora já temos vários sistemas disponíveis nesse formato, como GoogleDocs, Microsoft 365, Gmail+ e outros serviços cloud. Benioff foi visionário quando começou em 1999 esse tipo de aplicativo. Depois dessa inovação, essa forma de utilização de softwares em nuvem se tornou uma revolução no mundo. Outros sistemas muito conhecidos nesse sentido são Box.Net, Dropbox, Basecamp e outros serviços.

Quer saber mais? Acesse os sites: <https://bit.ly/2VBswwr> ou <https://bit.ly/2wiqkzg>.

Os usuários se agrupam em comunidades, constituindo uma grande rede social virtual. Esse momento tem algumas características: sociabilidade digital; conectividade; usabilidade simples; sustentabilidade. Observe a Tabela 2.1.

Tabela 2.1 - Características das redes sociais

Sentimentos	Características
Singularidade	Cada usuário utiliza de forma singular, particular, única.
Mobilidade	As redes sociais podem ser acessadas por smartphones, que permitem mobilidade e interação em qualquer lugar, a qualquer hora.
Comunidade	Os usuários participam de um ou mais grupos por afinidade e ampliam suas redes de contato.
Sincronia	O usuário pode estar conectado o tempo todo e, a partir daí, sincronizar e dessincronizar pessoas, informações, dados, por exemplo. Tempo e espaço não são mais um problema.
Localização	Muitos aplicativos oferecem serviços de localização com GPS (geoprocessamento de localização), informação de locais e destinos. Além disso, outros aplicativos permitem saber onde seus amigos estão.
Usabilidade	O usuário quer aparelhos, ferramentas e aplicativos de fácil uso, sem que haja a necessidade de seguir manuais de instruções.
Programabilidade	As operadoras de rede podem ajustar o comportamento de suas redes para oferecer suporte a novos serviços e até mesmo a clientes individuais.

Na Economia Digital, é fundamental ampliar seus conhecimentos. Isso só é possível quando se tem acesso à informação e à educação. Além disso, o acesso à internet precisa ser um bem comum a todos. E lembre-se: nosso conhecimento é construído a partir do que fazemos com as informações que recebemos.

Observe que, nesse sentido, também houve uma grande mudança de paradigma. Relembrando o que vimos no Capítulo 1, até a Revolução Industrial, a riqueza estava associada a bens tangíveis, como terra, equipamentos, prédios e até a mão de obra. Com a Era da Informação, a riqueza pode ser produzida via bens intangíveis. Isso muda completamente a forma de gerar riquezas e oportunidades, pois não é mais preciso ter terras, um prédio ou um maquinário para gerar trabalho. Com conhecimento, somos capazes de gerar oportunidades.

A Economia Digital é caracterizada pela possível conexão entre computadores de todo o mundo. Mas, além de conectar pessoas, também é possível compartilhar conhecimentos, informações e fazer negócios.

Tapscott (1999) ressalta:

> O que mais se teme na Sociedade do Conhecimento é a nova forma de estratificação social, que se divide nas camadas: os que têm e os que não têm acesso à informação, os que conhecem e os que não conhecem, os que fazem e os que não fazem uma estratificação digital.

Ao interpretar o que Tapscott (1999) diz sobre "os que fazem e os que não fazem uma estratificação digital", podemos concluir que alguns empreendem, enquanto outros não; alguns geram oportunidades, enquanto outros não. Assim, é possível perceber que o espírito empreendedor pode ser potencializado na Economia Digital.

A Economia Digital, ao mesmo tempo em que é uma grande oportunidade, também pode gerar desigualdades, inclusive sociais. Aqueles com pouco ou nenhum acesso ao mundo digital têm menos chances de aprender novos conhecimentos, educar-se e obter novas oportunidades.

Por fim, podemos dizer que a Economia Digital é o sistema econômico que tem a informação como insumo básico para geração de oportunidades em diferentes segmentos e modalidades. Ela é digital porque todas as informações estão numa combinação de bits e bytes. Além disso, esse novo mercado é constituído por pessoas que criam e/ou compartilham conteúdos on-line, utilizam as tecnologias da informação e se comunicam para gerar negócios na internet.

FIQUE DE OLHO!

A lógica utilizada no computador baseia-se no sistema binário, em que existe apenas a organização de vários "zeros" e "uns". Bit é a menor representação de uma informação nos sistemas digitais. Byte é a combinação de 8 bits, formando qualquer um dos caracteres, letras ou números disponíveis na comunicação eletrônica.

2.1.2 Negócios na internet: o e-business

Quando falamos de Economia Digital, estamos nos referindo aos negócios feitos na internet, isto é, o **e-business**. Atualmente, existem vários tipos de negócios que podem ser realizados em ambiente virtual.

Além disso, há vários ramos que foram transformados com as mudanças geradas pela expansão da internet. Veja a seguir:

- **Bancos**: hoje em dia, muitas transações bancárias são realizadas em sites ou aplicativos, como pagamentos, transferências e aplicações.
- **Comércio eletrônico**: muitos estabelecimentos comerciais atualmente vendem mais pela internet do que em suas lojas físicas. Também já existem marcas que possuem apenas lojas virtuais para vender seus produtos ou serviços. O comércio realizado via internet é conhecido como **e-commerce**.
- **Cursos a distância (EaD)**: escolas, faculdades e universidades oferecem cursos que podem ser realizados em seus ambientes virtuais de aprendizagem. Assim, esses estabelecimentos podem ampliar sua atuação para além dos prédios ou salas comerciais e atingir um público muito mais amplo. Esse tipo de mercado é conhecido como **e-learning**, ou seja, educação a distância on-line.
- **Mercado editorial**: para atender a um público crescente que prefere ler no computador, tablets ou outros aparelhos, as editoras criaram os **e-books**.
- **Veículos de comunicação**: assim como no caso dos livros, muitos usuários preferem ler revistas e jornais na internet. Dessa forma, os veículos de comunicação começaram a lançar assinaturas mais baratas especialmente para esse tipo de cliente.
- **Música:** as gravadoras foram diretamente afetadas quando os usuários começaram a consumir música on-line. Todas precisaram se reinventar. Como muitas pessoas pararam de comprar CDs, abriu-se uma nova oportunidade de negócio com a venda de música individual em aplicativos como Apple Music ou acesso em plataformas de streaming, como Spotify ou Deezer.

Outros setores também foram afetados pelo comércio eletrônico:

- **Fábricas de brinquedos**: passaram a ter como concorrentes fabricantes de jogos on-line.
- **Empresas em geral que utilizam mão de obra**: muitas empresas estão liberando os funcionários para trabalhar em casa, favorecendo o teletrabalho.
- **Cirurgias médicas**: já existem centros cirúrgicos aparelhados com robôs; um grupo de médicos fora do centro cirúrgico auxiliam os médicos que estão fazendo a cirurgia, passando coordenadas a distância sobre os procedimentos que devem ser executados. Muitas clínicas radiológicas possuem sistemas de análise de exames e geração de laudos a distância. Ambos obedecem a protocolos internacionais da área de saúde.
- **Agências de emprego**: hoje em dia, as pessoas não enviam mais seus currículos pelo correio. Elas os cadastram em sites de empresas de recrutamento e seleção ou no banco de talentos virtual das empresas onde desejam trabalhar. Até mesmo etapas do processo seletivo podem ser feitas on-line.
- **Revelação de fotos**: com as máquinas digitais, o processo de revelação de fotos foi modificado. Existem sites especializados, em que o usuário faz upload apenas das fotos que deseja imprimir e as recebe em casa.
- **Videolocadoras**: muito comum nos anos 1990, as locadoras acabaram com o advento da internet. Além de perderem espaço para as TVs a cabo, que incluíam filmes em sua grade de programação,

muito usuários passaram a baixar filmes que ainda estavam no cinema (mesmo que essa prática seja ilegal).

▶ **Agências de publicidade**: antigamente, boa publicidade significava anúncios impressos em jornais e revistas. Hoje, as agências de publicidade estão se especializando em campanhas de marketing digital, isto é, campanhas que incluem basicamente anúncios em sites e redes sociais, além de criação de conteúdo específico para diferentes plataformas.

▶ **Agências de turismo**: assim como companhias aéreas e de transporte rodoviário, as agências de turismo comercializam pacotes e serviços de viagem pela internet, muitas vezes com preços promocionais.

▶ **Corretores de imóveis**: há vários sites especializados em compra, venda e aluguel de apartamentos, terrenos, casas, escritórios e outros empreendimentos imobiliários.

▶ **Vendas de automóveis e leilões**: existem vários sites voltados para leilões, divulgação e venda de veículos, imóveis, joias, por exemplo.

2.1.3 Diferenças entre o mundo virtual e o real

Durante muitos séculos, os negócios eram feitos e fechados pessoalmente. Quando vamos a uma loja para comprar um produto, costumamos pegá-lo, experimentá-lo. Esse é o mundo real. Com o advento do comércio eletrônico, o cliente não tem contato com o produto e, muitas vezes, precisa confiar em imagens disponibilizadas ou na opinião de outros clientes.

A Tabela 2.2 mostra as principais diferenças entre o mundo real e o mundo virtual (MATTOS, 2005).

Tabela 2.2 - Mundo real × mundo virtual

Mundo real	Mundo virtual
Privacidade As pessoas só conhecem ao conversarem pessoalmente.	Você só revela sua identidade se desejar; caso contrário, pode criar um *nickname* (apelido).
Comportamento Em geral, as pessoas conversam com conhecidos.	Você se comporta como deseja e conversa com pessoas desconhecidas.
Legislação Em geral, já existem leis para todos os segmentos e problemas da sociedade.	As leis ainda estão em adaptação para a realidade virtual.
Fronteiras geográficas Você só entra num país se tiver autorização.	Com um clique você pode mudar de país instantaneamente.
Tempo Existe horário para tudo o que fazemos: ir à escola, à aula de música, ao médico.	Está disponível 7 dias da semana, 24 horas por dia. Não existe pausa.
Simultaneidade Você só consegue estar num local de cada vez.	Você pode estar em vários locais ao mesmo tempo.

De que outras maneiras a internet ainda contribuirá com o mundo dos negócios?

São inúmeras as possibilidades e só as conheceremos com o tempo. É preciso estar atento e aproveitar as oportunidades para empreender, isto é, colocar em prática novas ideias de negócios e serviços.

Em resumo, o mais importante é entender que a internet pode ser muito benéfica se usada de forma correta, para ajudar a humanidade a crescer e se desenvolver.

2.2 Mundo 4.0: o que vem com a Revolução 4.0

No Capítulo 1, apresentamos a evolução da humanidade na perspectiva das Era ou Ondas. Agora, queremos situá-lo com base nas Revoluções Industriais.

Vamos começar com fatos atuais do dia a dia e, em seguida, estudaremos as quatro revoluções industriais, incluindo as tecnologias envolvidas e como impactaram nosso dia a dia.

O início no século XXI é marcado pelo desenvolvimento das tecnologias que fazem parte do Mundo 4.0, também chamado de Revolução 4.0. Nesse momento, estamos diante de uma mudança radical em todos os setores e segmentos da sociedade.

As tecnologias do Mundo 4.0 envolvem: Inteligência Artificial (IA); Internet das Coisas (IoT); impressão 3D; uso de drones; robótica; Biologia Sintética; sistemas ciberfísicos (CPS); *blockchain*; computação em nuvem (*cloud computing*); criptoeconomia e criptoativos; robôs; *moonshot* (são projetos de tecnologia que buscam solucionar desafios imensos, de formas inimagináveis); Indústria 4.0; Emprego 4.0; Economia 4.0; Empreendedorismo 4.0; experimentos com grafeno; apenas para citar alguns. Há uma importante fusão entre os mundos físico, digital e biológico.

Figura 2.1 - Tendências para o Mundo 4.0.

QUARTA REVOLUÇÃO INDUSTRIAL: ERA DOS NEGÓCIOS DIGITAIS

AMPLIE SEUS CONHECIMENTOS

Os *moonshot* são projetos de tecnologia altamente complexos, que desafiam a criatividade humana, com soluções inimagináveis para o momento em que são lançados, especialmente pelo elevado grau de inovação e incerteza. São projetos arriscados, de longo prazo, com investimentos altíssimos. Um exemplo de produto *moonshot* são as Smart Lens, lentes de contato inteligentes que leem e reportam o índice glicêmico de diabéticos. Esse é um projeto ousado do Google.

O termo surgiu a partir do projeto Apolo XI, em1969, que levou o homem à Lua. Saiba mais sobre *Moonshot* no link <https://bit.ly/2vux50I>. Acesso em: 2 fev. 2020.

A Quarta Revolução Industrial faz parte do Mundo 4.0 e sua base estrutural é toda digital. Isto é, a tecnologia é usada para o desenvolvimento de novas tecnologias. Há constante modificação de como processos são realizados; os serviços e os produtos são produzidos e oferecidos aos interessados via internet. Por ser uma revolução digital, as transformações podem ser disseminadas de forma global, causando impactos que nem sempre podem ser logo medidos. Tudo ocorre de forma mais rápida do que nas revoluções industriais anteriores.

FIQUE DE OLHO!

- **Primeira Revolução Industrial:** ocorreu entre 1760 a 1840 e há transição para novos processos de manufatura. A máquina a vapor é a principal tecnologia que gera transformações produtivas e, por consequência, sociais.

- **Segunda Revolução Industrial:** iniciou-se na segunda metade do século XIX (1850-1870), e terminou durante a Segunda Guerra Mundial (1939-1945). A eletricidade foi a principal tecnologia transformadora. Também houve amplo desenvolvimento das indústrias química, elétrica, de petróleo e de aço.

- **Terceira Revolução Industrial:** também foi chamada de Revolução Informacional. Começou em meados do século XX, momento em que a eletrônica aparece como verdadeira modernização da indústria. Isso aconteceu após a Segunda Guerra Mundial (1939-1945) e abrange o período após 1950.

- **Quarta Revolução Industrial:** também chamada de Indústria 4.0. Esse conceito foi desenvolvido pelo alemão Klaus Schwab, diretor e fundador do Fórum Econômico Mundial. Nessa fase, tudo tende a ser totalmente automatizado a partir de sistemas que combinam máquinas com processos digitais.

A Quarta Revolução Industrial, de acordo com Schwab (2018), agrupa as tecnologias em 12 categorias (apesar de sabermos que essas categorias não contemplam todas as possibilidades, visto que a todo momento surgem novas tecnologias). Essas tecnologias fazem interface com a biologia, a inteligência artificial e a experiência humana, gerando efeitos sobre a "nossa vida pessoal, sobre como trabalhamos, como criamos nossos filhos e socializamos" (SCHWAB, 2018, p. 112).

As 12 categorias de tecnologias podem ser agrupadas em 4 *clusters*: tecnologias digitais extensíveis; reconstituição do futuro físico; modificação do ser humano; e integração do ambiente. Observe o Quadro 2.1.

Quadro 2.1 - *Clusters* e categorias das tecnologias na Quarta Revolução Industrial

Clusters tecnológicos	Categorias das Tecnologias
Tecnologias digitais extensíveis (são as tecnologias que aumentam a capacidade de armazenamento, a manipulação e a comunicação de informações que podem modificar de forma disruptiva o futuro)	1. **Novas tecnologias da Computação:** os computadores serão cada vez menores e mais velozes. Há integração entre o mundo físico e mundo o digital. 2. ***Blockchain* e tecnologias de registros distribuídos:** eliminam a autoridade central de controle das operações. 3. **Internet das coisas (IoT):** equipamentos inteligentes conectados à internet. Daí, surgem as casas inteligentes (um controle remoto pode acionar a cafeteira, por exemplo). Com a IoT, será possível oferecer diversos serviços, coletas, análises e gestão de dados para diferentes usos. A conexão direta da internet com máquinas, eletrodomésticos, meios de transporte é chamada de Internet das Coisas; na Interação Homem-Máquina, pode aperfeiçoar os sistemas ciberfísicos.
Reconstituição do mundo físico (relaciona-se com a expansão da largura da banda, gerada pelo aumento do uso de serviços de armazenamento na nuvem (*cloud*), aumento da velocidade e da capacidade de processamento dos dados)	4. **Inteligência Artificial (IA) e robótica:** acontece pela aprendizagem automática, capaz de imitar as interações humanas em diferentes cenários, como na medicina, no comando de meios de transportes, serviços advocatícios. A IA pode auxiliar também na gestão de dados, ferramentas para diagnósticos médicos, entre outros. 5. **Materiais modernos:** os principais exemplos são materiais que podem substituir plásticos, baterias, filmes e resinas fotossensíveis, dentre outros. 6. **Fabricação de aditivos e impressão multidimensional:** os produtos tendem a virar receitas digitais. Podem ser concebidos em qualquer lugar e disponíveis facilmente por impressões 3D. Viabiliza a produção em baixa escala.
Modificação do ser humano (tecnologias podem auxiliar o ser humano de diversas formas, inclusive ampliando nossas potencialidades)	7. **Biotecnologias:** são tecnologias que afetam as áreas da saúde e nutrição. 8. **Neurotecnologia:** área que estuda o cérebro humano, promovendo amplo conhecimento da atividade cerebral. 9. **Realidades virtual e aumentada:** são tecnologias que permitem entrar em contato com ambiente virtual desenvolvido para determinado propósito.
Integração do ambiente (tecnologias que permitirão a tomada de decisões importantes com relação ao clima, ambiente, espaço do planeta)	10. **Captura, armazenamento e transmissão de energia:** desenvolvimento de materiais e práticas sustentáveis com menor impacto ao meio ambiente. 11. **Geoengenharia:** tecnologias de gerenciamento do clima atmosférico. O objetivo é possibilitar diferentes tomadas de decisões. 12. **Tecnologias espaciais:** monitoramento de planetas e seus ecossistemas.

Fonte: Schwab (2018).

FIQUE DE OLHO!

Para se ter uma ideia desse novo Mundo 4.0, o Google noticiou em 2017 que seu robô jornalista teria a capacidade de escrever 30 mil notícias por mês. Saiba mais no link: <http://www.abi.org.br/robo-jornalista-do-google-escreve-30-mil-noticias-por-mes/>. Acesso em: 2 fev. 2020.

Figura 2.2 - Na Quarta Revolução Industrial, há ampla interação homem e máquina.

As transformações que estão ocorrendo na Indústria 4.0 já refletem no Emprego 4.0, na Educação 4.0 e, de forma mais ampla, no Mundo 4.0.

A valorização de profissionais com habilidades transversais (isto é, aqueles que trabalham em qualquer segmento, como técnicos em eletrotécnica e técnicos de controle da produção), além de valorização de competências decisórias e socioemocionais fará parte do cotidiano do trabalho. Nesse novo momento de integração de atividades, prevalecerá a customização máxima de atividades e processos produtivos.

LEMBRE-SE

Chamamos de "revolução" porque causa um impacto radical na forma de viver das sociedades.

2.2.1 Imersão na Revolução 4.0

Os quatro países que estão à frente do desenvolvimento da Revolução 4.0 são Estados Unidos, Alemanha, Japão e China. Esses países economicamente desenvolvidos também se destacam pelo desenvolvimento profundo de atividades tecnológicas digitais, conforme os exemplos a seguir.

Imagine um **veículo com condução autônoma**, sem necessidade de motorista. Enquanto estiver nele, você poderá ler, estudar, jogar e se divertir.

Outro exemplo de tecnologia avançada é poder comprar um produto pela internet e esse produto ser fabricado em uma **impressora 3D** a poucos metros da sua casa.

A **realidade virtual** aumentada é outra possibilidade que começa a ser explorada. Já começou na área de games e construção civil, por exemplo.

Figura 2.3 - Muitas empresas têm investido em realidade virtual aumentada.

A nova realidade virtual, em que os homens conectam-se entre si de qualquer lugar, mudará a forma de observar e realizar os trabalhos. Como a **interação entre homem e máquina** nem sempre será presencial, será necessária maior flexibilidade dos trabalhadores, pois manutenções preventivas provenientes de equipamentos desta revolução 4.0 poderão ocorrer a qualquer momento durante o dia ou a noite. Tudo poderá ser identificado com base em processos no sistema de **inteligência artificial**.

A nova configuração do setor produtivo demandará uma intensa busca por mão de obra qualificada. A educação profissional ganha relevância nesse novo cenário do emprego. Conhecimentos em áreas de inovação, computação cognitiva, empreendedorismo serão fundamentais. Todo profissional precisará desenvolver a capacidade de resolver problemas complexos.

Figura 2.4 - Muitas empresas têm investido em realidade virtual aumentada.

Entre as novidades que devem se realidade nos próximos anos, podemos incluir: roupas desenvolvidas com nanotecnologia, capazes de se adaptar à nossa temperatura corporal e ao nosso biotipo.

Os robôs não precisarão ser físicos (com exceção de robôs industriais). Por exemplo, inteligência artificial trabalha com algoritmos desenvolvidos por seres humanos, sendo aplicados em softwares. Isso pode ser porque, em determinadas situações de alta complexidade, uma máquina pode resolver rapidamente uma questão que uma pessoa talvez levaria uma vida toda. Com a inteligência artificial, o volume de dados reunidos e processados está muito acima da capacidade humana. Mas vale ressaltar novamente que os algoritmos são desenvolvidos por seres humanos, ou seja, as máquinas precisam da inteligência das pessoas para funcionar.

Podemos encontrar inteligência artificial em diversos setores, como nas redes sociais, em sistemas de compra on-line, em bancos, na Bolsa de Valores, nos veículos autônomos.

Ressaltamos que a implantação de sistemas automatizados (por exemplo, robôs em linhas de produção), não implica necessariamente demissões, mas, sim, precisão de processos para customização de produtos e serviços.

Uma das competências emergentes para o Profissional 4.0 é a capacidade de analisar dados, isto é, especializar-se em *Big Data* (quanto maior o volume de dados obtidos, maior será a necessidade de saber interpretá-los corretamente. Por exemplo, uma rede social que capta inúmeras informações dos usuários e transforma em relatórios que traçam perfis).

Figura 2.5 - Os robôs já atuam junto com seres humanos.

O mercado corporativo do futuro exigirá que os profissionais desenvolvam um conjunto de competências e habilidades que poderão ser trabalhadas com um bom planejamento de carreira.

O perfil desse novo profissional será composto, por exemplo, por: habilidade de olhar os acontecimentos por outro ângulo; pensar em soluções criativas; capacidade de resolver problemas complexos; ter o autoconhecimento; ter flexibilidade para aceitar novas experiências.

Esses profissionais também deverão desenvolver habilidades para resolver problemas complexos na área de tecnologia, meio ambiente, mobilidade urbana, saúde, educação a distância, entre outros. Todos que trabalham em áreas de infraestrutura, saúde, qualidade de vida, recursos humanos, direito, construção civil, precisam se adaptar a uma nova realidade de mercado. Na área de produção de alimentos, por exemplo, será necessário saber trabalhar com sistemas inteligentes, pois demandam menos recursos e reduzem os impactos ao meio ambiente.

Até 2030, várias novas profissões devem surgir: mecânico de veículos híbridos, mecânico de telemetria (automotivo), gestor e especialista em *Big Data*, analista de Internet das Coisas, projetistas para tecnologia 3D, designer de tecidos avançados, técnico em impressão de alimentos, especialista para recuperação avançada de petróleo, analista de segurança e defesa digital, gestor de qualidade vida.

Figura 2.6 - Carreira e Tecnologia da Informação (TI).

Todas as carreiras promissoras, sem dúvidas, estarão ligadas à tecnologia da informação, na integração homem-máquina. O mundo do trabalho precisa se adaptar à nova realidade, que necessita de determinadas habilidades, educação e aprendizado contínuos, e capacidade humana em trabalhar em parceria com o artificial.

Para os profissionais que estão começando na carreira, é importante continuar aprendendo, para estar preparado para as novas oportunidades do Emprego 4.0. Mas, para todos os profissionais do mercado, é importante se reinventar constantemente, tanto para continuar competitivo como para garantir a empregabilidade.

Provavelmente, tudo o que for escalável, mecânico e repetitivo será substituído pela máquina. Como afirmou Mark Zuckeberg (fundador do Facebook) em um discurso de formatura na universidade de Harvard (Estados Unidos), em 2017: o empreendedorismo está diretamente relacionado à criação de propósitos que podem mudar o mundo, tema do discurso: "A Criação de Propósitos", isto mesmo, o repensar da nossa vida, demonstrando como ele se transformou em um empreendedor digital de sucesso.

Mesmo que a Indústria 4.0 ainda não esteja amplamente difundida no Brasil, essa é uma tendência global e inevitável. Em nosso país, os processos industriais continuarão evoluindo e se tornando mais complexos, assim como em outros países.

Nossa sugestão é: potencialize os impactos positivos desse novo momento, busque ser um profissional multidisciplinar, aprenda conceitos de informática, matemática, tecnologia da informação, robótica e análise de dados. Pesquise sobre *Big Data*, seja curioso, pergunte os por quês. Busque alternativas para as realidades do cotidiano. Exercite a observação, pesquise assuntos diferentes do habitual, promova novas cognições.

Entre os princípios da nova realidade baseada na Revolução 4.0, podemos incluir:

- **Tempo simultâneo**: coleta e tratamento de dados coletados de forma instantânea.
- **Tudo é virtual:** espelhar, copiar e multiplicar imagens holográficas, para controle de todos os processos de uma fábrica, por exemplo.

- **Decisão descentralizada:** a máquina toma decisão com base na inteligência artificial.
- **Foco em serviços:** em todos os lugares, os serviços devem ter foco em gerar comodidade.
- **Proatividade:** antever situações e realizar esforços para solucioná-las com as ferramentas disponíveis.
- **Bloco de módulos:** tudo é modular e pode ser acoplado e desacoplado de acordo com as necessidades, permitindo flexibilidade de ações.
- **Interoperabilidade:** é a capacidade de um sistema (informatizado ou não) de se comunicar de forma transparente (ou o mais próximo disso) com outro sistema (semelhante ou não). Importante que ele trabalhe com padrões abertos. Desse modo, o gestor pode identificar uma tendência ou demanda de produto ou serviço e agir com muita velocidade para colocar o produto no mercado.

O mercado de trabalho precisará de pessoas para planejar, executar e gerenciar as inovações do Mundo 4.0. Nessa jornada, muitos empregos terão que ser reinventados ou extintos, enquanto dezenas de outros serão criados, principalmente para atender a demandas com foco na sustentabilidade.

Figura 2.7 - Integração entre objetos e tecnologias da informação.

A cadeia de valor estará focada na inteligência de forma ativa, em que serão estabelecidos novos formatos de consumo. Isso, consequentemente, vai gerar novas demandas de emprego e empregabilidade.

O desejo é que as novas tecnologias possam trabalhar efetivamente para o desenvolvimento humano, na melhoria da distribuição de renda e que sirva aos interesses reais da sociedade.

2.3 Dicas essenciais para divulgação em redes sociais profissionais

A sociabilidade digital nas redes sociais não é apenas instrumento para entretenimento, mas importante para divulgação e desenvolvimento da carreira.

As redes sociais permitem divulgar habilidades, buscar grupos temáticos, enviar currículos, fazer contato com empresas, por exemplo.

Quer tornar o seu perfil nas redes sociais profissionalmente atrativo? Veja as dicas a seguir:

▸ Tenha um perfil que informe claramente suas principais características. Disponibilize informações importantes, como suas qualificações, seus diferenciais, suas experiências etc.

▸ Demonstre que possui conhecimento amplo e cultura geral, incluindo os mais variados assuntos. Indique que está atualizado com o que acontece ao seu redor e na sua área de atuação. Tal cuidado permite maior visibilidade nas buscas feitas pelas organizações para localizar novos profissionais.

▸ Lembre-se de que você nunca terá uma segunda chance de causar uma primeira boa impressão. O que chega primeiro é o seu currículo e, em seguida, os recrutadores podem pesquisar por você nas redes sociais. Por isso, ao se expor nas redes, utilize um bom texto, que aborde detalhes positivos e que agreguem valor a sua marca.

▸ Atualize com frequência suas páginas nas redes sociais. Páginas desatualizadas prejudicam sua imagem. Atualizar é a palavra de ordem para quem busca reais oportunidades de melhoria nas ocupações profissionais.

▸ Evite expor opiniões críticas sobre assuntos polêmicos. Algumas opiniões pessoais devem ser mantidas de forma mais discreta.

▸ Dê ênfase às novidades, demonstre que está atento ao que acontece de novo no mundo da tecnologia em sua área, bem como a novos métodos de trabalho que promovam aumento de produtividade, praticidade, sustentabilidade e qualidade.

▸ Como as redes sociais são consideradas campo fértil para divulgação de informações, tome cuidado com o que posta nelas. Publicar papos informais, opiniões que gerem conflitos, pode provocar atritos, pois as redes disseminam pensamentos, palavras, conteúdos com uma velocidade que pode superar suas expectativas positivas ou negativas.

▸ Cuidado com o impulso de responder as informações nas redes. Existem casos de pessoas que perderam o emprego pelo simples fato de opinar sem pensar com mais profundidade no tema discutido.

▸ Disponibilize uma foto tirada por profissional. Se não for possível, dê preferência à visualização do rosto até os ombros, com semblante feliz e um belo sorriso. A foto não pode ser informal nem formal demais, mas a postura deve ser descontraída, com um semblante de tranquilidade e felicidade.

▸ Coloque contatos digitais, como e-mails, link para blogs, Twitter, Facebook, site, outros endereços on-line para contato, mas nunca coloque telefones e endereço de sua residência, para evitar riscos a você e à sua família. Também nunca divulgue sua vida financeira nas redes ou dicas que possam levar à descoberta de suas senhas pessoais, como dar apelido a um familiar e usá-lo como senha.

▸ Não seja chato. Colocar nas redes frases sem efeito, como "Que dia difícil", "Fui!", "Estou almoçando um lindo sanduíche" torna seu perfil desinteressante, possibilita que vários de seus amigos ocultem seus comentários, porque não querem ver postagens chatas e banais. Para ter audiência e seguidores, mostre temas, assuntos e palavras que chamem a atenção.

- Evite compartilhar abertamente fotos, passeios, encontros, atitudes engraçadas, pois podem provocar restrições a futuras ocupações profissionais. Nem é preciso dizer para evitar comentários do local do trabalho atual, principalmente os relacionados a novos contratos conquistados, projetos elaborados, que despertem o interesse de concorrentes.

- Faça conexões. Você perceberá que existem muitas pessoas em busca de novas oportunidades de trabalho, emprego e empregabilidade. Juntos podem promover o crescimento da base de informações e estabelecer uma rede de contatos importante para atualizar seu conhecimento.

- Faça parte dos grupos certos. Para isso, um importante pré-requisito é planejar aquilo que deseja em sua vida profissional e pessoal.

- Encontre uma maneira de divulgar o seu trabalho nos seus grupos. Compartilhe dados relevantes de sua atividade. Isso é apreciado nas redes.

Quando falamos de redes, não podemos esquecer uma das principais redes profissionais da atualidade, o LinkedIn, conforme já comentado anteriormente.

Essa rede estritamente profissional é utilizada por milhões de pessoas em mais de 200 países. É uma ferramenta permanente de divulgação de seu perfil que trabalha 24 horas, todos os dias do ano, divulgando a sua marca, por isso a atenção ao preenchimento e à dinâmica desse site é importante.

O LinkedIn pode estrategicamente ajudar você a ter vantagens sobre os concorrentes, pois, além de ser muito utilizado por recrutadores, permite a interação em grupos que podem oferecer informações difíceis de encontrar em outras redes. Ressalta também globalmente o fortalecimento de sua marca profissional.

Veja outras dicas que o próprio LinkedIn disponibiliza em sua página de acesso.

//// VAMOS RECAPITULAR?

Neste capítulo, você aprendeu que o ciberespaço constitui o novo ambiente do mundo do trabalho e conheceu os principais impactos das tecnologias digitais sobre os negócios. Também conheceu que, o momento atual, no início do século XXI, é caracterizado pela Revolução 4.0 que tem como característica não apenas o uso das tecnologias digitais, mas como essa interage com diferentes materiais, com o corpo humano e com a própria natureza, proporcionando aplicações jamais vistas na humanidade.

Aprendeu que inovação é um processo de criação de algo novo e que, para colocá-la em prática, devemos ficar atentos aos seus princípios: questionar sempre, ter paciência, gerar confiança na equipe, ter abertura para perceber as coisas de forma diferente e estar disposto a correr riscos, inclusive considerar que errar e fracassar têm uma relação direta com inovar e aprender.

Em seguida, mostramos os principais negócios modificados pela expansão do uso da internet. Você percebeu as diferenças existentes entre os negócios reais e virtuais.

AGORA É COM VOCÊ!

1. Cite três exemplos de negócios que foram diretamente modificados pelo advento da internet.

2. Cite três diferenças entre o mundo real e o mundo virtual.

3. Um dos negócios que mais cresce na nova economia é o e-commerce. Que tal pesquisar sobre o que é o e-commerce? Dê exemplos reais de algumas lojas virtuais que têm crescido no Brasil e se destacado no mercado.

4. Você aprendeu que é essencial a criação de relacionamentos, pois esse é um diferencial dos profissionais de sucesso. Descreva com suas próprias palavras o que é o networking, e por que ele é considerado um diferenciador no mundo do trabalho. Como e onde devemos utilizá-lo?

3

ESTRATÉGIAS PARA O PROTAGONISMO NO MUNDO DO TRABALHO

PARA COMEÇAR

Neste capítulo, abordaremos como superar as barreiras para entrar no mundo do trabalho tendo como referência diferentes estratégias para a promoção do marketing pessoal e de networking, as habilidades socioemocionais dos profissionais que assumem uma posição de protagonistas, o posicionamento nas redes sociais profissionais, o uso das tecnologias em prol das demandas do mundo do trabalho e a preparação para os processos seletivos. Para finalizar, apresentaremos as características das diferentes gerações e como cada uma delas se comporta e o que valoriza, visando promover um ambiente de trabalho positivo.

O ingresso no mundo do trabalho depende de muitas variáveis que devem ser consideradas e analisadas cuidadosamente. Nenhuma dessas variáveis funciona isoladamente. É necessário articular várias delas ao mesmo tempo e de preferência de uma forma integrada. Assim, os resultados tendem a ser melhores. Neste capítulo, analisaremos essas variáveis e como elas se integram entre si.

3.1 Como superar as barreiras para o mundo do trabalho

Deter conhecimentos e ter acesso a informações é fundamental para ingressar no mundo do trabalho. O profissional do século XXI precisa ter iniciativa e saber apresentar suas habilidades e potencialidades, ou seja, mostrar suas capacidades e resultados alcançados.

Adaptar-se aos novos tempos não é tarefa simples, mas devemos conhecer nossas potencialidades pessoais e profissionais do que podemos oferecer ao mercado. Assim, é possível criar oportunidades de trabalhos e rendas permanentes e, se desejar, um emprego por meio de um rendimento contínuo.

FIQUE DE OLHO!

Para se preparar profissionalmente para o mercado de trabalho, é possível fazer determinadas escolhas, dependendo da idade. Por exemplo, para jovens entre 14 a 24 anos incompletos que estejam cursando o Ensino Fundamental ou o Ensino Médio, uma opção para iniciar a trajetória profissional é o programa Aprendiz Legal, estabelecido pela Lei da Aprendizagem (Lei n. 10.097/2000). Esse programa oferece oportunidades de inserção no mercado, sendo possível, ao mesmo tempo, aprender e ter carteira assinada.

Para quem está matriculado em cursos técnicos ou no ensino superior, outra forma de ingressar no mercado de trabalho é por meio de estágios profissionais. A jornada parcial de trabalho geralmente vem acompanhada de um projeto pedagógico e uma ficha de acompanhamento. Detalharemos isso no Capítulo 7 deste livro.

Para os profissionais que buscam uma nova colocação ou recolocação, ressaltamos que vivemos em uma época em que existem muitas opções para buscar trabalhos. É fundamental identificar suas características profissionais relevantes, as habilidades mais requisitadas no setor desejado, e assim realizar uma avaliação de como mostrar seu perfil no mercado.

EXEMPLO

Um profissional de nível gerencial que trabalhou muitos anos em uma empresa que fabricava escova de dentes ficou desorientado ao perder o emprego, porque, junto com o emprego, perdeu também o *status*, a tranquilidade financeira e os benefícios oferecidos pela organização. O que esse profissional não percebeu é que ele era um estrategista no gerenciamento de processos de fabricação contínua, produção seriada, coordenação e gestão de processos; ou seja, ele tinha um conhecimento que o habilitava a trabalhar para outras empresas de vários segmentos. Uma vez identificadas essas potencialidades, ele conseguiu recolocação no mundo do trabalho.

Mas, afinal de contas, o que os jovens procuram no primeiro emprego ou na sua primeira oportunidade no mundo do trabalho no ambiente corporativo? Suas expectativas e motivações vão muito além das questões salariais, confira algumas dessas motivações na Tabela 3.1.

Tabela 3.1 - Por que os jovens decidem entrar no mundo do trabalho?

Fatores que levam os jovens a buscar o primeiro emprego
Salário e benefícios
Convênio médico
Orientação dos pais
Dinheiro para despesas ou sustento
Ajudar em casa
Ter qualidade de vida
Ter condições financeiras para estudar
Realização de sonhos
Ter independência financeira

Sabe-se que nem sempre é fácil ingressar no mundo do trabalho, pois existem algumas barreiras que precisam ser transpostas. É fundamental definir bem os objetivos de carreira, trabalhar o autoconhecimento, o conhecimento sobre a empresa que deseja trabalhar e o perfil de profissional que buscam. No Capítulo 6, apresentamos mais orientações sobre como buscar oportunidades de trabalho.

Para superar as barreiras encontradas, é preciso ter muito claro quais são os **objetivos de carreira**, independentemente da idade. Avaliar se a experiência profissional está de acordo com seus anseios, suas vontades, suas metas de vida. Do contrário, você não terá motivação suficiente para enfrentar o desafio. Em alguns momentos, é necessário trabalhar em algumas atividades que não são o foco, mas essa pode ser uma estratégia para alcançar uma futura oportunidade melhor. Veja esse conteúdo com mais detalhes nos Capítulos 5 e 6.

EXEMPLO

Se você deseja passar em um concurso público que ofereça alta remuneração e tem enorme concorrência, você pode optar inicialmente em se preparar para concursos de menor nível de exigência para passar mais facilmente e já ingressar numa atividade profissional. Em seguida, pode buscar novas posições em outros concursos, até chegar no objetivo final desejado. Essa é uma estratégia que podemos utilizar para promover o ingresso no mundo do trabalho e promover um crescimento na carreira.

Antes de apresentarmos algumas estratégias, faça a seguinte análise: ao buscar uma oportunidade de estágio ou emprego, você se imagina trabalhando naquela organização daqui a cinco ou dez anos? Se sim, em qual posição gostaria de estar? Para que alcance esse sonho, otimize ao máximo as oportunidades oferecidas por essa empresa, participe das redes sociais que ela promove, construa bons relacionamentos profissionais, trabalhe favorecendo seus pontos fortes e demonstre entusiasmo. Essas atitudes lhe ajudarão a alcançar os objetivos. Veja a seguir algumas questões que devem ser analisadas na busca de um trabalho em uma organização.

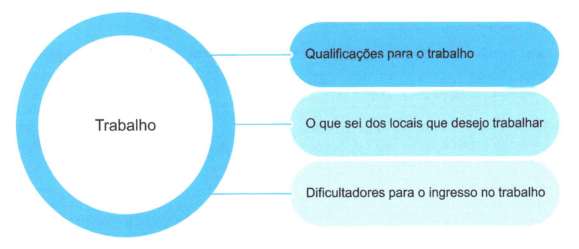

Figura 3.1 - Questões que devem ser analisadas ao buscar uma vaga de emprego.

ESTRATÉGIAS PARA O PROTAGONISMO NO MUNDO DO TRABALHO

Identifique as qualificações para o trabalho desejado: identifique as qualificações e atitudes necessárias para aquele emprego na organização que busca o trabalho. As empresas precisam de pessoas com iniciativa, que saibam buscar as informações necessárias para a execução das atividades diárias e que busquem soluções com rapidez. Lembre-se de que será contratado e mantido em sua posição por aquilo que pode contribuir.

O aprendizado para desenvolver as atividades do trabalho precisa ser permanente. Buscar novas formas de realizar as mesmas atividades com olhar crítico, atento aos detalhes, com certeza gera várias oportunidades no mundo do trabalho. Comprometa-se com o aprender!

Nessa nova era digital, muitos conhecimentos são adquiridos pelas redes sociais, em cursos on-line, além de cursos de todos os níveis, que contribuem para a conquista de novas oportunidades. Participe de cursos livres sobre diferentes temáticas. Existem cursos on-line abertos, geralmente desenvolvidos por instituições acadêmicas, conhecidos como *Massive Open Online Courses* (MOOCS).

Quanto ao seu nível de qualificação, pergunte: estou preparado para trabalhar nessa organização e desenvolver a atividade que me proponho? Se não, quais os cursos que preciso incrementar na minha formação? Em que essa empresa agregará valor na minha carreira?

O que sei sobre os locais onde desejo trabalhar? No mundo do trabalho, a maioria das pessoas que buscam novas oportunidades de trabalho não conhece as empresas onde deseja trabalhar. Não conhece as metas, a visão e a missão das organizações que busca oportunidade, o que facilitaria no direcionamento do currículo, na entrevista do trabalho ou no preenchimento de qualquer proposta de trabalho dirigido à organização.

Uma das formas de encontrar organizações que se enquadrem em seu perfil é pesquisar na internet, perguntar para entrevistadores e pessoas que trabalhem nessas empresas como é o processo de trabalho, como as pessoas são recrutadas, o que é valorizado pela empresa, que tipos de profissionais são valorizados pela organização e se existem oportunidades na organização. Sempre pergunte-se: em que posso agregar de valor para essa organização? O que essa empresa vai agregar na minha carreira?

Quais as barreiras (dificultadores) me impedem de ingressar no trabalho? Faça uma análise do seu perfil profissional a partir dos apontamentos do pensamento positivo que podem estar constituindo-se como barreiras pessoais, psicológicas e profissionais (Figura 3.2).

A partir da leitura do pensamento positivo que pode lhe ajudar a enfrentar as barreiras pessoais, profissionais e psicológicas, identifique em quais delas você se auto-observa com pontos fortes e pontos fracos, em seguida, elabore um Plano de Vitória, ou seja, um plano de ação para as melhorias que considerar essenciais para o seu trabalho.

Tendo como referência as diretrizes do trabalho que deseja, das competências que necessita para esse trabalho, das características da empresa que tem o interesse em trabalhar e da autoanálise com foco no pensamento positivo, agora é o momento de você pensar em estratégias de marketing pessoal, constituição de networking, de uso das redes sociais e das tecnologias a seu favor e de se preparar melhor para os processos seletivos. Vamos lá?

Pensamentos positivos para superar as barreiras pessoais	Pensamentos positivos para superar as barreiras psicológicas	Pensamentos positivos para superar as barreiras profissionais
1. Você é o dono da sua vida e da sua carreira, portanto tome as rédeas de seu destino. Evite o comportamento de vítima. 2. Crie uma visão do futuro e de realizações. Escreva tudo aquilo que deseja conquistar. 3. Valorize seu potencial, reconheça sua personalidade e dê destaque ao que tem de melhor. 4. Explore, compartilhe ideias e comunique-se nas redes sociais. 5. Desenvolva relacionamentos profissionais e sociais. 6. Invista no seu crescimento cultural.	1. Acredite em si mesmo! Todos nós temos pontos fortes e fracos. Valorize seus pontos fortes. 2. Cultive o entusiasmo, o bom humor e seja otimista. Ria de si mesmo. 3. Domine a arte de mudar com tolerância, paciência e respeito. Tenha flexibilidade. 4. Vença a ansiedade acreditando no seu potencial de criar, vencer e batalhar pelo seu ideal. Medite. 5. Vontade é ter garra de querer realizar. Sonhe. 6. Diante de uma crise, busque as oportunidades. As crises servem de insights para novas ideias. 7. Não tenha medo de se expor (com cautela e respeito). 8. A humildade e a educação abrem portas. Evite inflar seu ego. 9. Fale com o espelho e melhore sua comunicação. Perceba-se. 10. Seja voluntário algumas horas por semana. Aprenda a servir.	1. Aprenda a identificar oportunidades de trabalho. Onde tem problemas, existem oportunidades. 2. Participe de redes profissionais (como o LinkedIn) e de fóruns de discussões em sua área de interesse. Aprenda de forma colaborativa. 3. Aprenda a utilizar de todos os meios eletrônicos de cadastros de emprego (agências), sites de empresas, de headhunters, concursos para seleção de novos talentos. Esteja antenado. 4. Estude, amplie seus conhecimentos. Existem várias cursos on-line gratuitos. Atualize-se sempre. 5. Participe de grupos de discussão de conhecimentos técnicos especializados em órgãos ou conselhos de classe profissional. Exemplo: CRM, CREA, OAB, entre outros. 6. Identifique habilidades e diferenciais valorizados nas empresas onde você gostaria de trabalhar. Observe mais.

Figura 3.2 - Dimensões do pensamento positivo.

3.2 Estratégias de marketing pessoal

Além de analisar as questões propostas no item anterior, é muito importante dar atenção ao seu marketing pessoal. Cuidar da própria imagem, isto é, o cartão de visitas de qualquer profissional. Não basta cuidar das aparências, é necessário ter conteúdo de qualidade que o diferencie de outros profissionais. Um marketing pessoal cuidadoso ajuda na construção de uma imagem verdadeira.

O marketing pessoal está relacionado com a imagem que você projeta de si mesmo e a como as pessoas o veem. Ele é constituído de várias estratégias para favorecer sua visibilidade com base em suas competências e habilidades.

No marketing pessoal, você deve cuidar da primeira impressão que as pessoas têm de você. Nem sempre o que achamos de nós mesmos é o que os outros pensam. Portanto, a primeira impressão deve sempre despertar sentimentos positivos; caso contrário, você terá que empreender grande esforço para mudá-la.

Veja a seguir dicas fundamentais para cuidar bem da sua imagem, em especial em ambiente de trabalho:

1. **Asseio**: cuide da sua higiene pessoal. Cabelo penteado, unhas cortadas, maquiagem leve, perfume suave, dentes escovados. Transmita uma boa aparência. Maquiagem e perfumes exagerados podem causar uma má impressão.

ESTRATÉGIAS PARA O PROTAGONISMO NO MUNDO DO TRABALHO

As pessoas que fumam devem ficar atentas ao cheiro do cigarro, pois ele fica na pessoa. Os homens devem ficar atentos à barba; quando não feita ou malcuidada, pode causar uma sensação de desleixo. Pessoas que descuidam da higiene pessoal têm mais dificuldades em constituir redes de relacionamentos, além de prejudicar a imagem que projeta de si próprio.

2. **Roupas**: para cada ambiente existe um estilo adequado. Dê preferência a roupas confortáveis e que façam você sentir-se bem consigo mesmo. Cuidado com roupas estampadas: para ocasiões de trabalho, opte por cores neutras. Roupas escuras podem ser compensadas com acessórios claros. Para cada tipo de ocasião existe uma forma de se vestir.

   Cuidado com aqueles dias em que você diz para si mesmo: "Hoje vou mais à vontade, não tenho visitas externas." Nesses dias sempre aparecem visitas não confirmadas. Vista-se conforme as exigências de seu trabalho. Não existe uma orientação única de como se vestir. O importante é estar atento ao estilo da sua atividade.

3. **Acessórios**: brincos, pulseiras, cintos e anéis são elementos complementares às roupas, porém é necessário evitar os excessos.

4. **Etiqueta à mesa**: a forma como você se comporta à mesa durante um almoço ou um café de negócios pode ser um diferencial, demonstrando que você conhece as etiquetas de como se comportar numa reunião de negócios em diferentes circunstâncias.

5. **Postura corporal**: utilize seu posicionamento corporal para comunicar-se de forma positiva. Converse com as pessoas olhando para elas. Ao encontrá-las, cumprimente-as sem apertar as mãos com força, mas cuidado também para não pegar de forma tão leve que dê a impressão de descaso ou insegurança. Mantenha-se ereto ao sentar-se. Praticar atividades físicas favorece a postura corporal, dando maior credibilidade à imagem.

6. **Linguagem escrita e oral**: deve-se ter cuidado com as regras da língua portuguesa. Uma fala errada ou um bilhete escrito com erros de português podem prejudicar todo o seu marketing pessoal, pois comprometem a sua credibilidade. Dê preferência ao uso de palavras simples e fáceis de serem pronunciadas. Isso evita erros de dicção, até mesmo porque palavras complexas podem não ser entendidas pela pessoa com quem você conversa. Palavras difíceis podem dar a impressão de que você está criando uma barreira proposital de distanciamento.

7. **Formação acadêmica**: o mercado é muito competitivo, e existem milhares de profissionais qualificados atuando em diferentes áreas. Procure boas escolas, agregue conhecimento ao seu currículo. Se não tiver condições financeiras para pagar um curso, busque instituições educacionais com mensalidades mais em conta, mas invista sempre na sua formação. Atualmente, também existem muitos cursos on-line que são gratuitos. Conhecimentos de informática e de idiomas são essenciais no mundo globalizado.

8. **Currículo**: mantenha seu currículo sempre atualizado. A qualquer momento ele pode ser solicitado; porém adapte-o para cada situação, principalmente se tiver mais de uma área de atuação. Coloque apenas as informações mais importantes de até cinco anos atrás. No Capítulo 4, você terá mais informações sobre como elaborar diferentes tipos de currículos.

9. **Assuntos polêmicos**: para ter um bom marketing pessoal é necessário evitar assuntos que causam controvérsias, tendo em vista a diversidade cultural. Apresentar seus pontos de vista sobre assuntos relacionados a religião, preferência partidária e preconceitos de uma forma geral pode criar resistência em relação a você.

10. **Coerência**: fale daquilo em que acredita, transmita imagem de coerência entre a sua fala e a sua atitude. Evite falar o que você não é e o que não faz. Isso não fica bem para sua imagem.

11. **Comportamento positivo**: transmita otimismo na fala, na percepção dos fatos, mesmo diante de crises. Lembre-se: todos passam por crises. Nenhuma empresa e indivíduo vivem apenas de bons momentos, mas acreditar que as coisas podem ser sempre melhores desencadeia uma postura de prosperidade.

12. **Comportamento gentil**: estimule um comportamento simpático e benevolente entre as pessoas. Ouça o que as pessoas têm a dizer, use palavras generosas ofereça ajuda quando elas precisarem. Dessa forma, você trará as pessoas para o seu lado.

Use dessas orientações sobre o marketing pessoal e usufrua de um melhor posicionamento da sua imagem.

3.3 Estratégias de networking

A sociabilidade digital nas redes sociais não é apenas instrumento para entretenimento. Estar em contato com as pessoas, isto é, fazer networking, é muito importante na divulgação e no desenvolvimento da sua carreira.

Figura 3.3 - Networking além das fronteiras geográficas.

As redes sociais permitem a divulgação de habilidades, a busca de grupos de conhecimentos, a distribuição de currículos, a realização de encontros com empresas e privilegiam os profissionais que estão atentos ao seu tempo. Então, quer turbinar o seu perfil nas redes sociais? Veja as dicas a seguir:

1. **Tenha um perfil claro e objetivo:** divulgue suas características de forma consistente, disponibilizando informações importantes, como: suas qualificações, seus diferenciais, suas experiências etc.

2. **Demonstre que possui conhecimento e cultura geral dos mais variados assuntos**, que está atualizado com o que acontece ao seu redor e na sua área de atuação. Tal cuidado permite maior visibilidade nas buscas feitas pelas organizações para localizar novos profissionais.

3. **Lembre-se de que você nunca terá uma segunda chance de causar uma primeira boa impressão.** Muitas vezes, o que chega primeiro é o seu currículo, por isso, ao se expor nas redes, o seu perfil precisa ter um bom texto, que aborde detalhes positivos e que agreguem valor a sua marca.

4. **Atualize suas páginas nas redes sociais com frequência.** Páginas desatualizadas prejudicam sua imagem na rede. Atualizar é a palavra de ordem para quem busca reais oportunidades de melhoria nas ocupações profissionais.

5. **Evite expor opiniões críticas sobre assuntos polêmicos.** Algumas opiniões pessoais devem ser mantidas de forma mais discreta. Como as redes sociais são consideradas campo fértil para divulgação de informações, tome cuidado com o que posta nelas. Publicar papos informais, opiniões que gerem conflitos, provoca mal-entendidos de difícil controle, pois as redes disseminam pensamentos, palavras, conteúdos com uma velocidade que pode superar suas expectativas positivas ou negativas.

6. **Dê ênfase às novidades**, demonstre que está atento ao que acontece de novo no mundo da tecnologia em sua área, bem como a novos métodos de trabalho que promovam aumento de produtividade, praticidade, sustentabilidade e qualidade.

7. **Cuidado com a impulsividade em responder nas redes.** Existem casos de pessoas que perderam o emprego pelo simples fato de opinar sem pensar com mais profundidade sobre o tema discutido.

8. **Cuide da sua imagem fotográfica.** Disponibilize uma foto tirada por profissional. Se não for possível, dê preferência à visualização do rosto até os ombros, com semblante feliz e um belo sorriso. A foto não pode ser informal nem formal demais, mas a postura deve ser descontraída, com um semblante de tranquilidade.

9. **Coloque contatos digitais**, como e-mails, blogs, Twitter, Facebook, site, outros endereços on-line para contato, mas nunca coloque telefones e endereço de sua residência, para evitar riscos a você e à sua família. Também nunca divulgue sua vida financeira nas redes ou dicas que possam levar à descoberta de suas senhas pessoais, como dar apelido a um familiar e usá-lo como senha.

10. **Não seja chato (inconveniente).** Colocar nas redes sociais frases sem efeito, como: "Que dia difícil", "Fui!", "Estou almoçando um lindo sanduíche" torna sua rede desinteressante, faz com que vários de seus amigos fiquem até ocultos aos seus comentários, porque não querem ver suas caixas postais cheias de comentários que não agregam valor. Para ter audiência e seguidores, mostre temas e assuntos interessantes.

11. **Evite comentários sobre os locais de trabalho.** Não exponha os problemas das empresas para as quais trabalha. Falar mal da empresa, além de prejudicar a imagem dela, prejudica da pessoa que está fazendo a divulgação.

12. **Faça conexões.** Você irá perceber que existem muitas pessoas como você em busca de novas oportunidades de trabalho, emprego e experiências e que juntos podem promover o crescimento da base de informações e estabelecer uma rede de contatos importante para atualizar seu conhecimento.

13. **Encontre uma maneira de divulgar o seu trabalho** nos seus grupos. Compartilhe dados relevantes de sua atividade, isso é apreciado nas redes.

Quando falamos de redes, não podemos esquecer uma das maiores redes profissionais da atualidade, o LinkedIn. Essa rede profissional é utilizada por milhões de pessoas em mais de 200 países. É uma ferramenta permanente de divulgação de seu perfil que trabalha 24 horas, todos os dias do ano, divulgando a sua marca, por isso a atenção ao preenchimento e à dinâmica desse site é importante.

O LinkedIn pode ajudá-lo a ter vantagens sobre os concorrentes, pois, além de ser muito utilizado por recrutadores, permite a interação de grupos que trazem muitas vezes informações difíceis de ser encontradas em outras redes de sociabilidade. Ressalta-se também o fortalecimento global de sua marca profissional. Veja, a seguir, algumas dicas para utilizar melhor o LinkedIn:

1. Participe de pesquisas e responda as LinkedIn Answers todas as semanas, pois isso aumenta a visibilidade nessa rede.

2. Procure ser seguidor das empresas em que gostaria de trabalhar ou de potenciais parceiros de negócio, pois isso lhe ajudará a identificar oportunidades.

3. Crie grupo no LinkedIn, pois é uma maneira de divulgar sua expertise.

4. Contate todos da sua rede de tempos em tempos. Isso é importante, ou você perderá seu networking no LinkedIn.

5. Sempre que alguém entrar em contato ou você receber um convite de adesão, envie uma mensagem de agradecimento.

6. Formate um calendário para informá-lo da data de aniversário dos participantes e programe envios automáticos de felicitações, ou mensagens personalizadas de acordo com o perfil de cada membro da rede.

7. De tempos em tempos, mude a foto, atualize e atente-se ao resumo do perfil, pois ali está a estrela da sua conta.

8. Tenha uma URL personalizada do perfil é importante.

9. Troque artigos, informações, vagas e oportunidades com membros que estão conectados a você. Isso ajuda a dar créditos a sua rede de contatos.

10. Crie apresentações profissionais no SlideShare ou em pastas de sistemas de nuvens, pois elas são importantes mecanismos de divulgação.

11. Sempre que possível, altere suas mensagens-padrões; a política da boa vizinhança diz que sempre se deve apresentar alguns membros de seu grupo para outros membros do próprio grupo, indicações ou outros.

12. Recomende, na medida do possível, pessoas que conheça na rede e, quando necessário, solicite recomendações a conhecidos.

13. Fique atento às promoções e produtos do LinkedIn, como eventos gratuitos ou pagos que possam agregar valor à sua marca.

14. Comente com a sua rede de contato as atualizações realizadas.

15. Aproveite a oportunidade dessa ferramenta e disponibilize seu perfil em no mínimo dois idiomas.

16. Interligue a conta com outras redes sociais; no LinkedIn é possível importar sua rede de contatos para sua conta.

FIQUE DE OLHO!

Dê um tempo nesse clique! Use a tecnologia a seu favor!

Você pode entrar em contato com a tecnologia ao apertar a tecla de seu smartphone ou tablet. É possível enviar mensagens, textos, vídeos. Essa comodidade nos contagia, mas, ao mesmo tempo, pode também contribuir para pensarmos menos.

Ao apertarmos um botão do controle remoto, fazemos funcionar eletrodomésticos, elevadores, ar-condicionado, máquinas e equipamentos, climatização de prédios, e vários outros aparelhos do nosso cotidiano.

Ficar conectado o tempo todo pode provocar distúrbios de conduta social. Hoje, já existem os viciados em redes sociais, que não conseguem mais separar o mundo real do mundo virtual, afetando a relação com a sociedade em que vivem.

Alguns são tão fanáticos em redes sociais, que mal conseguem ser produtivos no trabalho. Para evitar excessos, muitas empresas estabelecem regras para utilização das redes sociais em horário de trabalho.

Além dessas dicas, veja outras que o próprio LinkedIn disponibiliza em sua página de acesso.

Uma das ferramentas do marketing pessoal é o **networking** (construção de rede de relacionamentos). Portanto, construa relacionamentos. O alcance de resultados no mundo dos negócios está vinculado à rede de relacionamentos que você constrói ao longo da vida, tanto no aspecto pessoal quanto no profissional.

As possibilidades de fechar um contrato aumentam quando você conhece pessoas e se relaciona com elas. Algumas pesquisas apontam que 50% a 70% das pessoas conseguiram seus últimos empregos a partir da sua rede de contatos.

A palavra **networking** é constituída pela junção de *net* (rede) e *working* (trabalhando), que em português significa trabalhando para construir uma rede de pessoas. Quanto maior essa rede, mais oportunidades você terá.

Construir uma rede de relacionamentos significa aproximar pessoas que tenham um mesmo objetivo ou que podem ajudar na constituição de negócios. Faz parte do ser humano construir relacionamentos. Sempre estamos juntos, fazendo atividades em grupo. Construir uma rede de relacionamentos significa obter contatos que podem gerar contratos.

Uma pergunta comum que se faz é: como se constrói uma rede de relacionamentos? Em que local construímos os relacionamentos? A resposta é: em qualquer local, não apenas em situações de trabalho. Construímos relacionamentos conversando com as pessoas, por isso, a comunicação eficaz se torna importante no mundo dos negócios.

Para que você construa sua rede de relacionamentos, sugerimos algumas dicas a seguir:

1. **Defina projetos e desejos que quer alcançar**. Se você souber o que deseja, mais facilmente vai conseguir conversar com as pessoas sobre os assuntos que estejam relacionados a você.

Figura 3.4 - Rede de relacionamentos.

2. **Esteja atento aos acontecimentos relacionados a seus objetivos**. Participe de feiras de negócios vinculadas à sua área de atuação. Esses momentos são oportunos para conhecer pessoas interessantes e de influência na sua área, que podem gerar novas oportunidades.

Figura 3.5 - Feira de tecnologia.

ESTRATÉGIAS PARA O PROTAGONISMO NO MUNDO DO TRABALHO

3. **Participe de cursos, seminários e congressos relacionados à sua área**. Além de manter-se atualizado, você conhecerá pessoas com objetivos afins.

Figura 3.6 - Participação em cursos.

4. **Tenha sempre à disposição cartões de apresentação pessoal**. Muitas vezes, com apenas uma conversa, as pessoas não se recordam umas das outras. O cartão é uma ótima oportunidade de ser lembrado posteriormente. Por sinal, guarde também os cartões que recebeu de outras pessoas; um dia você pode precisar falar com elas. Se possível, tenha um cartão virtual para que possa encaminhar pelo smartphone.

Figura 3.7 - É fundamental ter um cartão de apresentação.

5. **Esteja atento aos fatos políticos, econômicos, culturais e sociais** do local em que vive e do mundo. Saber o que está acontecendo é uma forma ótima de iniciar uma conversa com qualquer pessoa. Se você estiver atento ao contexto geral, sempre terá assuntos para tratar com as pessoas.

Figura 3.8 - Estar atento ao noticiário é fundamental.

6. **Construa um banco de dados** com informações das pessoas com quem você tem contato. Identifique a empresa, o cargo e o assunto relacionado com a afinidade entre vocês.

Figura 3.9 - Grupo de afinidades.

7. **Use os recursos tecnológicos atuais**. A internet pode ser uma ótima aliada para que você mantenha contato mesmo com quem não conhece pessoalmente. Use as redes sociais.

Figura 3.10 - As redes sociais permitem ampla interação.

ESTRATÉGIAS PARA O PROTAGONISMO NO MUNDO DO TRABALHO

8. **Participe de listas de discussão ou fóruns sobre assuntos relacionados aos seus interesses**. Além de aprender com a troca de informações e experiências entre as pessoas do grupo, pode ser uma ótima oportunidade de conhecer outras pessoas.

Figura 3.11 - Fóruns de discussão.

9. **Ao aproximar-se das pessoas, apresente-se**. Não tenha medo de falar de suas habilidades e conhecimentos. Porém, é preciso ter cuidado para não se tornar uma pessoa inconveniente e arrogante.

Figura 3.12 - Apresentação pessoal.

10. **Construa relacionamentos** e saiba que isso é uma relação de troca. As pessoas que estão se relacionando recebem e dão informações, sugestões, opiniões e partilham suas experiências.

Figura 3.13 - Compartilhamento de informações em um grupo.

Para que você construa sua rede de relacionamentos, é importante que se torne referência em algo. Seja percebido, torne-se reconhecido. Faça um site ou um blog sobre suas atividades, publique trabalhos na internet, divulgue no Facebook, no Instagram e nas demais redes sociais, ou seja, estabeleça um vínculo e uma marca que divulguem sua imagem.

3.3.1 Construindo sua rede de relacionamentos

Construir uma rede de relacionamentos é tão importante, que existem encontros de executivos para troca de cartões, eventos de negócios e até agências de networking, que agendam encontros para executivos ampliarem suas redes de contato.

Na busca da ascensão profissional, nos defrontamos com um mercado competitivo. Às vezes, apenas habilidades e conhecimentos não bastam, são necessários bons relacionamentos.

Muitas pessoas não se interessam em manter uma rede de relacionamentos, pois veem essa rede com irritação e consideram que as pessoas somente são procuradas em momentos de necessidade. A empatia nos relacionamentos é essencial ao se construir relacionamentos, mesmo que seja empatia apenas para momentos profissionais.

Uma rede de relacionamentos poderá ser fundamental para você ter mais possibilidades, proporcionando, inclusive, vantagens competitivas.

Quando uma pessoa faz networking, ela participa de uma rede pessoal e profissional de ajuda mútua, troca de opiniões, relacionamentos, indicação de negócios, fortalecimento de estratégias comerciais, desenvolvimento de parcerias e alianças que podem auxiliá-lo na promoção profissional, no aumento de ganhos financeiros, na abertura de novas possibilidades pessoais, acadêmicas e profissionais.

A política do ganha-ganha, da reciprocidade, permite transformar seu networking em uma ferramenta produtiva.

Criar networking pressupõe que:

1. A base do networking são as pessoas, portanto seja claro, objetivo e sincero nos relacionamentos que deseja manter.

2. Ajudar e retribuir as oportunidades que lhe ajudaram. Isso promove a sinergia de seus relacionamentos e abre verdadeiras oportunidades de trabalho.

3. Ministrar palestras, aulas e praticar serviços voluntários aumentam seu círculo de contatos.

4. A escola e qualquer espaço utilizado para a nossa formação é uma ótima oportunidade para estabelecer vínculos. Nesses ambientes há trocas permanentes de ideias, opiniões, estudos, além de trabalhos em equipe, o que permite interações que podem render bons frutos no futuro.

3.4 Habilidades socioemocionais dos profissionais protagonistas

Comentamos anteriormente como superar algumas barreiras para ingressar no mundo do trabalho, orientamos sobre a importância do marketing pessoal e da constituição de relacionamentos que favorecerão muitas oportunidades de trabalho.

Agora, vamos analisar algumas habilidades essenciais para os profissionais de sucesso, ou seja, aqueles que trazem para si a responsabilidade de seus atos e conquistas e tornam-se protagonistas de suas histórias. Reflita sobre cada habilidade proposta e faça uma autoanálise. Observe os pontos que necessita aperfeiçoar.

Veja a seguir as principais habilidades socioemocionais que consideramos essenciais para os profissionais:

1. **Iniciativa**

   Ter iniciativa é fazer as coisas por vontade e estímulo próprios, antes de ser solicitado ou antes de ser forçado pelas circunstâncias. Corra atrás daquilo em que realmente acredita.

   Uma pessoa com iniciativa aproveita ideias diferentes e inovadoras para transformá-las em negócios bem-sucedidos.

2. **Persistência**

   Todos os momentos da vida são repletos de obstáculos, e nem todos os obstáculos são superados facilmente. Quando isso acontece, a única saída é ser persistente e criativo para superar os problemas.

   Persistir significa continuar lutando para que um obstáculo seja vencido, porém mude e se adapte sempre que for preciso.

3. **Comprometimento**

   Comprometer-se com algo é envolver-se com boa vontade, é sacrificar-se e doar o seu melhor em prol dos melhores resultados, de clientes, funcionários e fornecedores satisfeitos.

   Uma pessoa comprometida consegue envolver mais facilmente as outras por causa de sua boa vontade, energia, entusiasmo, seriedade e confiança quanto ao seu empreendimento.

4. **Persuasão**

Persuasão é a palavra-chave de uma negociação bem-sucedida. Para saber vender sua ideia, é preciso saber persuadir. Como em todos os momentos estamos vendendo alguma coisa, seja fazendo marketing pessoal ou para que nossos amigos gostem de nós, é preciso saber persuadir.

Deve-se persuadir para conseguir o que se quer e obter os melhores resultados. É preciso saber persuadir os clientes, os fornecedores, os funcionários e todos os outros direta e indiretamente envolvidos em seu negócio.

5. **Bons relacionamentos**

Uma pessoa bem-relacionada tem mais chances de ser bem-sucedida. Com uma boa rede de contatos, você pode ter várias oportunidades na vida. Por meio de um contato você consegue conhecer pessoas influentes, ter vantagens em negociações e mais credibilidade no mercado.

Figura 3.14 - Relacionamento interpessoal.

6. **Autoconfiança**

A autoconfiança é essencial para alguém que almeja o sucesso. Essa característica faz com que você realmente vá atrás do que quer. Somente confiando em si mesmo é possível acreditar que será capaz de fazer um empreendimento dar certo.

Quando existe autoconfiança, conseguimos transmitir confiança também a outras pessoas, que passam a acreditar em nossos ideais. Os funcionários trabalham com vontade quando o chefe exala autoconfiança. Os fornecedores darão maiores prazos quando sentirem confiança em você.

A autoconfiança faz com que você consiga manter seu ponto de vista mesmo diante dos críticos e pessimistas.

7. Automotivação

Essa é uma característica que mistura o poder de ter iniciativa e a autoconfiança, pois é com ela que você consegue manter-se de pé nos momentos mais difíceis.

A automotivação é contagiante e faz com que pessoas menos motivadas se sintam estimuladas a dar o melhor de si e se esforçar ao máximo para obter os resultados desejados.

Uma pessoa motivada enfrenta todos os obstáculos com vontade, vendo o lado positivo e não se abalando diante de problemas grandes, muito menos com problemas pequenos.

Aproveitando, faça a reflexão: quem motiva a pessoa motivada?

8. Criatividade

Seja criativo. Essa é uma característica essencial, pois tem uma relação direta com a capacidade de inovar e criar saídas inteligentes para problemas que parecem impossíveis. É com a criatividade que as vendas aumentam e os funcionários ficam mais satisfeitos.

A criatividade é responsável por todas as invenções existentes. Umas foram descobertas por acaso, mas foi graças à criatividade que os experimentos foram realizados e aprimorados.

Foi a criatividade que deu origem à roda, ao carro, ao avião, aos prédios e a todas as tecnologias de que desfrutamos atualmente. Mas não basta apenas ser criativo, é preciso ter iniciativa para que um sonho seja transformado em realidade.

9. Estar preparado

Estar preparado para um novo negócio é fundamental para um empreendedor. As mudanças no mundo acontecem com rapidez, e para isso é preciso estar preparado, bem-informado, e ter conhecimentos básicos para que qualquer negócio seja bem-sucedido.

Se você vai montar um empreendimento, qualquer que seja a área, é preciso saber como funciona o processo de produção ou prestação dos serviços, quem são os clientes, fornecedores, concorrentes e tudo mais que seja pertinente à atividade em questão.

10. Otimismo

Otimista é a pessoa que consegue ver sempre o lado positivo das situações. Consegue enxergar o erro como um aprendizado. Consegue ver todos os acontecimentos como uma oportunidade.

Ao contrário do pessimista, o otimista vê todos os negócios com potenciais para ser bem-sucedidos, com expectativas de que possam se tornar algo muito lucrativo.

Ser otimista é acreditar que suas ideias, por mais simples que sejam, podem se tornar reais, grandes e bem-sucedidas.

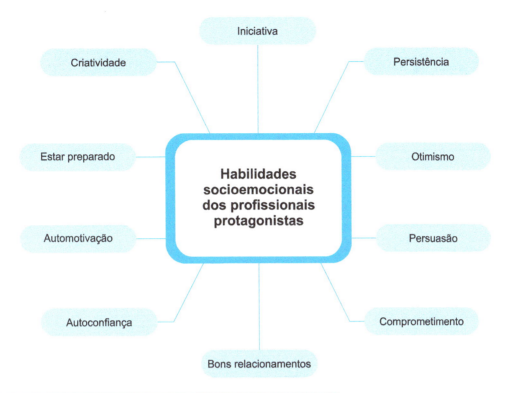

Figura 3.15 - Habilidades socioemocionais dos profissionais protagonistas.

Fonte: Tajra (2014, p. 42).

Perceba que todas as características de um profissional de sucesso estão interligadas e uma reforça o posicionamento da outra. É como se fosse uma rede complexa com vários pontos interligados, constituindo as principais características das pessoas que se posicionam como protagonistas.

Sabemos que existem inúmeras outras características que podemos identificar numa pessoa protagonista e empreendedora de sucesso. Listamos aquelas que consideramos de maior relevância.

Você pode ter ficado preocupado com tantas habilidades que consideramos essenciais. Mas fique tranquilo: com certeza você deve ter muitas delas. Aquelas características que você ainda não possui poderá desenvolver. Que tal observar essas habilidades? Veja como fazer isso a seguir.

Existem características pessoais que são inatas, enquanto outras são desenvolvidos no decorrer da vida, a partir das habilidades e conhecimentos adquiridos.

De acordo com o autor indiano Subir Chowdhury (2002), vivemos a Era do Talento. Para ele, "o talento é o verdadeiro motor da nova economia". Todos nós nascemos com talentos que muitas vezes ainda permanecem inexplorados. Não restrinja suas capacidades. Todas as pessoas têm qualidades pessoais, mesmo que nem todos saibam.

Uma pessoa precisa ter atitudes diferenciadas. Analise quais você tem. Elabore uma planilha em seu caderno e marque no quadro as suas atitudes. Em caso negativo, defina as ações necessárias para desenvolvê-las. Utilize o modelo sugerido na Tabela 3.2 para fazer essa análise. Se preferir, coloque nessa tabela os elementos que você apontou no início deste capítulo e transforme no seu plano de melhoria.

Tabela 3.2 - Atitudes de talento

Atitude	Sim ou Não	Ações Necessárias
Sabe lidar com frustações		
Focado em resultados		
Escuta atentamente as pessoas		
Tem comprometimento		
Cumpre prazos		
Mantém objetos e tarefas organizadas		
Valoriza os locais de trabalho		
Está sempre pronto para ajudar		
Participa ativamente de reuniões de negócios		
Pensa em projetos futuros		
Respeita o espaço do outro		
Sabe lidar com a diversidade		
Estimula o pensamento		
É comunicativo		
Preocupa-se com as pessoas		
Ouve mais do que fala		
Respeita o conhecimento dos outros		
Gosta de perguntar, é curioso		
Tem o hábito da leitura		
Tem pensamento flexível		
É confiante e ponderado nas colocações		
Assume as falhas sem medo		
Consegue contagiar outras pessoas		
Tem empatia (sabe colocar-se no lugar do outro)		
Decisão baseada sempre em fatos		
Gosta de trabalhar em equipe		
Acredita nas experiências anteriores		
É ousado		
Preza pela qualidade em tudo que faz		
Total de "Não"		
Total de "Sim"		

O ideal nesse exercício é que o total de "Sim" seja maior que o total de "Não". Cada pessoa tem sua própria forma de agir e lembre-se: as atitudes consideradas positivas em uma organização podem ser consideradas negativas em outra. Portanto, trabalhe os pontos importantes para o seu desenvolvimento profissional e não tenha medo de novos desafios. Afinal, pessoas de sucesso são aquelas que colocam em prática o que aprendem. É assim que você se torna protagonista da sua própria vida e carreira. Em outras palavras: é assim que você empreende a sua própria vida.

Todas as habilidades e atitudes apresentadas para o desenvolvimento de talentos são inerentes às pessoas empreendedoras, que transformam suas vidas, tornando-se protagonistas e autônomas, trazendo para si a responsabilidade de suas ações.

Veja mais exemplos de ações e atitudes que você pode adotar para torná-lo um profissional melhor.

Pesquise as áreas de trabalho do seu interesse. Busque informações em locais que considera essenciais para o seu segmento de atuação.

1. Como sugestão, leia no mínimo um livro por mês. Tenha uma meta de leitura. Leia revistas técnicas ou artigos com bom conteúdo de sua área de interesse profissional. Entretanto, leia tudo o que for do seu interesse, pois a leitura diversa ajuda a ampliar a visão de mundo.

2. Crie o hábito de ler os principais assuntos do noticiário (pelo menos, dois sites de notícias confiáveis) e forme uma opinião. Isso pode ser feito antes do trabalho, a caminho do serviço, em horários de intervalo ou quando considerar mais oportuno.

3. Procure um mentor. Uma ajuda para atingir nossos objetivos pessoais e profissionais sempre é muito bem-vindo.

4. Marque encontros, participe de seminários e eventos em que estão pessoas influentes, com quem você se identifica de alguma forma. Tenha-os como referência para seu crescimento.

5. Estabeleça prazos para cumprir as tarefas e alcançar os objetivos. A falta de uma definição de prazo tira o foco dos resultados.

6. Preserve sua rede de amizades e relacionamentos. São essas pessoas que darão suporte e ajudarão com oportunidades.

7. Faça planos de estudos para curto, médio e longo prazos. Ou seja, mantenha-se atualizado.

8. Adquira conhecimento em assuntos específicos, pouco dominados em sua área de atuação. Crie seu diferencial.

9. Intensifique possíveis contatos com empresas de seu interesse. Para isso, utilize dados disponíveis na internet e nas redes sociais, incluindo contatos profissionais.

10. Gerencie adequadamente o uso do seu tempo em prol de seus projetos e objetivos.

11. Aprenda a poupar. As reservas financeiras permitirão investir em negócios, estudos, viagens e na concretização de outros sonhos.

12. Tenha uma postura íntegra. Não basta ser honesto, tem que parecer honesto. É importante termos coerência entre o que dizemos e o que fazemos.

13. Aprenda e desaprenda constantemente. O conhecimento evolui, portanto não fique preso ao passado. Tenha flexibilidade de conhecer o novo.

14. Seja especialista em determinado assunto, mas ao mesmo tempo promova um conhecimento multidisciplinar.

15. Visite feiras de livros e de negócios relacionados à sua área de interesse.

16. Faça cursos on-line e presenciais.

17. Simplifique seus processos de trabalho. Faça as mesmas tarefas, mas de forma mais eficiente e em menos tempo.

18. Desenvolva habilidades de liderança. Seja capaz de influenciar cada vez mais as pessoas de forma positiva.

19. Enfrente os problemas encarando-os como oportunidades de crescimento. Problemas podem ser sinônimo de oportunidades.

20. Escute críticas como oportunidades de melhoria.

21. Participe de grupos nas redes sociais, com o objetivo de obter informações relevantes e desenvolver seu networking.

22. Invista na sua criatividade e perceba seus sentimentos, suas intuições e suas inspirações.

As dicas apresentadas compõem uma forma de pensar, agir e entender o mundo do trabalho. Sabemos que são diversas sugestões e muitas delas se repetem ao longo de todo este livro, mas se você for capaz de assimilar algumas delas, já sentirá a diferença no seu posicionamento profissional.

3.5 Preparação para os processos seletivos

Agora que tratamos de questões sobre como ingressar no mercado de trabalho, analisamos habilidades essenciais dos profissionais de sucesso, como realizar seu marketing pessoal e constituir relacionamentos, podemos falar sobre o processo de seleção no mundo do trabalho.

Os processos seletivos de contratação profissional estão vinculados às demandas do mundo do trabalho. Eles sofrem influências da economia, da tecnologia, da capacidade produtiva, da educação técnica e das necessidades de consumo da sociedade.

FIQUE DE OLHO!

O LinkedIn é a segunda maior rede social do Brasil e a maior rede profissional do mundo. Nessa rede, concentram-se mais de 50% das vagas do setor privado do país. Por isso, é importante manter-se conectado a essa rede de relacionamento profissional. Existe uma versão gratuita e outra versão paga, mas ambas oferecem reais oportunidades de trabalho.

A preparação para um processo seletivo passa por várias fases. Observe o infográfico a seguir.

Figura 3.16 - Fases de um processo seletivo.

- **1ª fase**: toda vaga oferecida no mercado atende a uma necessidade de determinado departamento da empresa. Assim, quando a vaga é aberta, são informados o perfil desejado do candidato, as atribuições profissionais, os conhecimentos básicos necessários, as habilidades específicas, além do sistema de remuneração, horário de trabalho e benefícios.

- **2ª fase**: a seleção de currículos obedece a critérios técnicos. Esse trabalho geralmente é feito por recrutadores da própria empresa, por agências de emprego, ou por empresas especializadas na contratação de profissionais.

- **3ª fase:** os testes on-line podem ser simples ou complexos, dependendo do cargo. Os questionários on-line podem abordar informações básicas, testes de atitude, habilidades, liderança e caráter. Para quem pensa em uma vaga de trainee, é muito importante praticar com testes de lógica e inglês, para não ser eliminado na fase inicial do processo seletivo.

- **4ª fase**: para os candidatos que passarem pela seleção de currículo e testes on-line, pode haver a fase dos testes psicotécnicos, que podem ser de vários tipos. Cabe à empresa aplicar aquele que melhor atender às suas necessidades.

  Ressaltamos que, na maioria dos processos seletivos, é aplicado mais de um teste psicotécnico. Pela importância e relevância, é preciso que o candidato se prepare antes de qualquer exame. Aqui vai uma dica: existem vários testes disponíveis na internet. Faça pesquisas.

- **5ª fase**: testes de conhecimentos específicos às vezes são aplicados, assim como testes de matemática, interpretação de texto, idiomas (para as vagas que exigem outro idioma), informática, testes de legislação etc.

- **6ª fase:** as dinâmicas de grupo têm como foco principal avaliar a personalidade dos candidatos, os traços de criatividade, os relacionamentos interpessoais, a forma de comunicação, a solução de problemas adversos. Os recrutadores também avaliam outras características de comportamento em grupo, como liderança, flexibilidade, racionalidade, paciência e persistência.

  As dinâmicas de grupo auxiliam na seleção dos melhores candidatos para a vaga proposta no processo seletivo. Essa fase do processo, porém, assusta a maioria dos candidatos. Mas acredite: não é preciso ter medo. Basta prestar atenção em alguns detalhes para ter um bom desempenho. Observe algumas dicas.

1. Quando entrar na sala, procure cumprimentar todos os presentes. Lembre-se de que você está sendo avaliado o tempo todo, inclusive pela forma como tratou as pessoas que o recepcionaram até a despedida.

2. Fique atento a todos os detalhes solicitados. Por exemplo, se for se identificar em um cartaz, coloque seu nome, seus pontos fortes e termine com algo positivo.

3. Em várias dinâmicas de grupo existem os candidatos espiões, ou seja, um funcionário ou alguém contratado para avaliar candidatos em diferentes contextos.

4. Procure interagir e participar com o grupo. Em algumas dinâmicas, os recrutadores dividem os candidatos em vários grupos; outros propõem que todos trabalhem em conjunto para buscar uma solução para o desafio proposto. Lembre-se de ouvir os colegas, mas compartilhe suas opiniões.

5. Todas as dinâmicas de grupo demandam tempo. Distribua tarefas entre os membros do grupo. Isso mesmo: tome a iniciativa. Isso pode lhe render alguns pontos.

6. Quando a dinâmica abordar um fato negativo, cuidado com o tom da voz. Procure manter um tom mediado, com argumentos a cada interpelação.

7. Ao participar de uma dinâmica, procure manter o autocontrole. Trabalhar a respiração e beber um copo de água ajudam a diminuir a ansiedade.

8. Cuidado com os seus gestos e a fisionomia, para não contradizerem o que você está falando.

9. Quando falar com algum interlocutor, procure olhá-lo nos olhos.

10. Dar cumprimentos firmes, com a fisionomia alegre, é importante.

11. Não paquere, critique ou fixe o olhar unicamente nos selecionadores. Lembre-se de que você está em avaliação junto com um grupo. Existem dinâmicas em que, se o grupo não consegue chegar a uma solução, todos os participantes são eliminados. Nesse caso, a empresa seleciona as pessoas que concluíram o desafio.

12. Pense antes de dar qualquer resposta; fale com moderação. Entenda o contexto e adeque a resposta ao momento.

13. Na internet, existem apostilas que disponibilizam as principais dinâmicas de grupo utilizadas no mercado. No YouTube você encontra alguns vídeos reais desses processos. Assista e analise como funcionam.

14. Desligue todos os aparelhos eletrônicos no momento da dinâmica de grupo.

15. Enfrente os problemas encarando-os como oportunidades de crescimento. Problemas podem ser sinônimo de oportunidades.

16. Escute críticas como oportunidades de melhoria.

17. Participe de grupos nas redes sociais, com o objetivo de obter informações relevantes e desenvolver seu networking.

18. Invista na sua criatividade e perceba seus sentimentos, suas intuições e suas inspirações.

> **7ª fase:** é a entrevista com o psicólogo ou o entrevistador. Nessa fase, são importantes a atitude, o olhar, a postura, e cumprimentar de forma firme.

Procure chegar com 15 minutos de antecedência. Não se atrase em hipótese nenhuma. Desligue todo e qualquer aparelho sonoro, celular, tablet, relógio ou outra mídia eletrônica.

Estabeleça vínculos de confiança. O nervosismo é comum a todos os candidatos, mas procure se controlar. Um bom aperto de mão, uma postura relaxada, mas ao mesmo tempo contida, ganham pontos.

Sente-se somente após o entrevistador determinar, e no local indicado.

Não superestime nem desvalorize suas habilidades. Seja verdadeiro em suas respostas, olhando no olho do entrevistador.

Cuidado para não ser contraditório nas respostas, pois é comum o entrevistador fazer uma pergunta e, momentos depois, questionar o candidato sobre a mesma coisa. É uma forma de testar a resposta dada anteriormente.

Adote uma postura simpática, escute e pense antes de falar, não abaixe a cabeça, procure se concentrar na conversa, como se fosse um diálogo entre duas pessoas conhecidas em um ambiente profissional. Utilize linguagem sem gírias, sem brincadeiras, com o intuito exclusivo de trocar informações entre entrevistado e entrevistador.

Procure perceber as necessidades do entrevistador; se possível, obtenha informações da vaga com pessoas da empresa, para entender que tipo de profissional estão buscando.

Suponha que o entrevistador peça para você falar de si mesmo. É um pedido muito amplo, então, pode ser necessário retrucar. Por exemplo, você pode perguntar: "O senhor gostaria que eu falasse especificamente sobre os últimos empregos?". Assim, você direciona a conversa e foca nas informações que o selecionador deseja ouvir.

Não prolongue as respostas. Quem fala muito, perde a oportunidade de ser objetivo. Procure ser claro, objetivo e preciso.

Mostre-se como um profissional diferenciado, instigue, desperte no recrutador o interesse em conhecer suas qualidades.

Evite dizer não. Por mais absurda que seja a colocação do entrevistador, naquele momento ele pode apenas estar testando seu caráter ou outro traço de sua personalidade. Dê uma resposta alternativa, mostrando seu ponto de vista sobre a questão, mesmo que seja contrário.

Preocupe-se com a conclusão da entrevista. Geralmente, o encontro dura de 30 minutos a uma hora. Em geral, ocorre de forma individual. Se houver um momento para isso no final da entrevista, pergunte sobre as próximas fases do processo seletivo. Demonstre flexibilidade. Procure encerrar com frases do tipo: "Essa nossa conversa foi muito produtiva, espero que possamos voltar a conversar". Encerre agradecendo a oportunidade e o tempo do profissional gasto na entrevista.

▶ **8ª fase:** entrevista com o gestor da área. Nesse tipo de entrevista, o que conta é a sua disponibilidade, seus diferenciais para a vaga, sua habilidade em lidar com situações do cotidiano do trabalho. O objetivo também é verificar sua reação diante do ambiente que está sendo oferecido para realizar as atividades e validar todas as fases anteriores.

Existem funções que demandam entrevistas sucessivas, às vezes com mais de uma pessoa ao mesmo tempo. Em geral, é o caso de cargos de níveis hierárquicos mais altos, que exigem mais conhecimento técnico.

Há entrevistas livres, mistas (com um pré-roteiro) ou sob pressão, dependendo do perfil da vaga.

Nessa fase, o conhecimento técnico e a disponibilidade para aceitar o funcionamento da nova função é que determinarão a contratação do candidato.

▶ **9ª fase**: o candidato aprovado passará por testes de saúde ocupacional, o que é obrigatório no Brasil. Esse exame vai emitir o Atestado de Saúde Ocupacional (ASO) admissional, atestando que o candidato está apto a exercer a função. Em seguida, o novo funcionário apresenta-se na empresa com todos os documentos para integração e início no trabalho.

Ao analisar todas as fases de um processo seletivo, concluímos que é necessário fazer um bom preparo. Por isso, é importante treinar e se qualificar para conseguir uma oportunidade.

/// AMPLIE SEUS CONHECIMENTOS

Você sabia que os currículos que trazem infográficos têm ganhado espaço nas organizações? Pesquise na internet e entenda como são montado esse tipos de currículos. Existem sites que oferecem modelos prontos. Se preferir, você pode criar seu próprio currículo com as ferramentas existentes nos programas do Pacote Office.

Tenha um currículo diferenciado, incremente-o. Pesquise no Google "imagens de currículos infográficos" e identifique diferentes formas de elaborar seu currículo.

3.6 Diferentes gerações: novas formas de convivência no ambiente de trabalho

Uma das características dos atuais ambientes de trabalho é termos diferentes pessoas das diversas gerações trabalhando em um mesmo local. Isso tem se tornado cada vez mais comum por causa do aumento da expectativa de vida das pessoas e porque o conceito de aposentadoria tem mudado, muitas pessoas sequer pensam em se aposentar, ou seja, desejam continuar trabalhando ao longo da vida.

Para nos relacionarmos bem com as pessoas, precisamos entender as diferenças de crenças, atitudes e valores de cada geração. As gerações possuem comportamentos diferentes. Sugerimos entender como cada grupo age. Observe a Tabela 3.3.

Tabela 3.3 - Perfil das gerações

	Geração X	Geração Y	Geração Z	Geração Alfa
Nascidos entre	1961 a 1978	1979 a 1984	A partir de 1995	Nascida a partir de 2010
Perfil	Independentes e empreendedores. Respeitam hierarquia e autoridade. Preferem ler livros e jornais.	Questionadores, realizam várias coisas ao mesmo tempo. São imediatistas. Gostam de ser valorizados e de se sentirem bem no trabalho. Preferem a comunicação eletrônica.	Facilidade de aprendizado. Envolvem-se em redes sociais e são vaidosos (gostam de tirar selfies, por exemplo).	Primeira geração 100% digital. Conhecem o mundo a partir do uso da tecnologia. São filhos de pais que já estavam distribuídos em várias atividades e envolvem cada vez mais os filhos em atividades domésticas. Tendem a interagir menos com outras pessoas.
Características e preferências	Cultura, coletividade, eventos populares.	Individualistas, cultuam a tecnologia e a velocidade.	Vaidade, liberdade, flexibilidade.	Equilíbrio entre trabalho e vida pessoal.

Observe no seu ambiente de estudo e de trabalho e verifique as pessoas conforme essas atitudes. Entretanto, essa separação é didática. É capaz de você encontrar diferentes características das diversas gerações em uma mesma pessoa.

VAMOS RECAPITULAR?

Neste capítulo, estudamos como é possível superar barreiras pessoais, psicológicas e profissionais para entrar no mundo do trabalho. Vimos também que o processo de comunicação não se restringe à forma como você fala. Precisamos cuidar do marketing pessoal e do networking. Abordamos a importância de criar um Plano de Vitórias para planejar nossas realizações.

Aprendemos como desenvolver atitudes importantes para ser bem-sucedido.

Estudamos as várias fases de um processo seletivo: abertura da vaga; seleção de currículos; testes on-line; testes psicotécnicos; dinâmicas de grupo; testes de conhecimento; entrevistas com psicólogos; entrevistas com o gestor da área e exames médicos.

Por fim, vimos que estamos num mercado de trabalho convivendo cada vez mais com profissionais de diferentes gerações e que é necessário compreender as características das pessoas para que possamos viver num ambiente de trabalho favorável, aproveitando o que cada geração tem de melhor.

AGORA É COM VOCÊ!

1. A dinâmica de grupo é um dos recursos utilizados durante um processo seletivo. Explique o que é uma dinâmica de grupo. Quais são as vantagens dessa etapa seletiva?

2. Saber fazer uma boa apresentação de si mesmo, incluindo suas qualidades, é uma forma de realizar o marketing pessoal. Com base nas orientações deste capítulo, apresente cinco características importantes do marketing pessoal. Explique como elas podem ajudar na busca de boas oportunidades.

3. Ingressar no mundo do trabalho é cada vez mais difícil, pois o mundo está cada vez mais competitivo. Assim, apresentamos algumas maneiras de ultrapassar determinadas barreiras. Cite e explique três sugestões para enfrentar os obstáculos profissionais.

4. O processo seletivo é indispensável para haver contratação. Com base nas etapas e nas orientações apresentadas, aponte aquelas que você considera mais importantes. Para você, qual é a fase mais difícil de um processo seletivo? O que você pode fazer para melhorar seu desempenho nesse momento?

4

DIFERENCIAIS PARA O PROFISSIONAL DO SÉCULO XXI

PARA COMEÇAR

Neste capítulo, apresentaremos algumas técnicas que ajudarão os profissionais a se posicionarem de uma forma diferenciada no mundo do trabalho. Essas técnicas incluem: dar e receber feedbacks, técnicas de negociação, técnicas de apresentação, comunicar-se bem e, por fim, ensinaremos a elaborar um currículo. Essas orientações são úteis para qualquer opção profissional, cabendo a cada indivíduo fazer uso delas conforme as diferentes realidades.

O mercado atual exige que os profissionais saibam se diferenciar dos demais. No Capítulo 4, complementaremos alguns ensinamentos do capítulo anterior. É essencial para qualquer profissional aprender determinadas técnicas que podem fazê-lo ser bem-sucedido em processos seletivos, ao vender um produto ou serviço para um cliente, ou até mesmo se tornar um empreendedor.

Veja a seguir algumas dessas técnicas:

- **Dar e receber feedback**. É o ato de ouvir o retorno de um chefe ou colega sobre o seu trabalho e utilizar essa opinião para se transformar num profissional melhor. É um momento construído com base em relações de confiança.

- **Técnicas de negociação**. No ambiente de trabalho, estamos sempre negociando para realizar tarefas, alcançar objetivos organizacionais e individuais.

- **Comunicação**. Saber vender e apresentar ideias, projetos, trabalhos.

- **Elaboração de currículos**. É o instrumento formal que utilizamos para descrever nossas qualificações e habilidades.

Vamos detalhar cada uma dessas técnicas ao longo do Capítulo 4.

4.1 Técnicas para um aprendizado personalizado: o feedback

O feedback é uma estratégia fundamental, muito utilizada no meio organizacional. Ocorre quando um gestor ou colega de trabalho deseja dar retorno sobre seus comportamentos ou desempenhos. A observação pode ser positiva ou negativa.

Valorize o feedback! Ele é essencial para o seu desenvolvimento profissional. É por meio desse retorno que podemos avaliar nossos comportamentos e atitudes e entender como somos percebidos pelas pessoas que trabalham conosco.

4.1.1 Passos para um feedback eficiente

O momento do feedback deve ser aquele em que há uma relação de respeito e segurança entre as partes. Quando isso acontece, podemos dizer que houve um feedback positivo. Um feedback negativo é aquele em que uma das partes se sente prejudicada ou quando uma das partes não concorda com o feedback recebido.

Receber feedback é uma ótima oportunidade de aprender a partir das próprias experiências e com a percepção do outro, mesmo quando negativa.

Para conseguir tirar melhor proveito no processo de feedback, sugerimos os seguintes passos e considerações:

Figura 4.1 - Passos e considerações para um feedback eficaz.

a. Deve ser combinado previamente

Combinar previamente a realização de um feedback significa: você solicitar que determinada pessoa lhe dê um retorno sobre uma situação; ou determinada pessoa dá um retorno sobre sua conduta por entender que aquela é uma oportunidade para seu desenvolvimento.

b. Deve basear-se em fatos e dados

Para dar um bom feedback, faça comentários utilizando situações reais, explique o fato ocorrido e ofereça dados concretos. Evite qualquer tipo de inferência ou julgamento.

c. Deve zelar pela privacidade

Muitas vezes determinados gestores chamam a atenção de seus colaboradores na frente de demais colegas de trabalho. Esse tipo de situação gera constrangimento para quem recebe o feedback negativo e para quem participa.

Procure um local reservado para que o feedback ocorra de forma confidencial. Assim, a outra parte não vai se sentir cerceada.

d. Deve ocorrer em tempo oportuno

Não dê um feedback negativo e crítico imediatamente após determinada ocorrência. É bem provável que a pessoa ainda esteja muito sensível. Porém, em contrapartida, também não demore a dar retorno. Demorar demais pode fazer com que o feedback perca o sentido.

e. Deve ser transparente

Quem dá um feedback deve estar aberto para receber um feedback. Nada é mais deselegante e desigual, pelo menos no âmbito organizacional, do que você dar um feedback e não permitir que o outro também dê a própria opinião sobre você.

f. Deve validar o feedback

Cabe a quem recebeu o feedback positivo ou negativo validar o retorno recebido. Compete a essa pessoa verificar se de fato deve mudar a sua forma de agir ou não, ou se o elogio foi valioso ou não.

Em outras palavras, é possível você dar um feedback para uma pessoa e ela não considerar as observações recebidas. É bem possível que a pessoa que recebe um feedback negativo crítico tenha, num primeiro momento, uma reação negativa de não aceitação, mas é provável que as observações sejam absorvidas pela pessoa com o passar dos dias.

4.1.2 Outras considerações sobre feedback

Além de todas as questões apontadas anteriormente, sobre cada uma das etapas de um feedback eficaz, também é importante saber:

▶ Nem sempre quando pedimos um feedback a outra pessoa está interessada em dá-lo; da mesma forma que quem vai receber nem sempre está disponível.

▶ Para nosso aprendizado, é importante recebermos tanto feedback positivo elogioso quanto negativo crítico; ambos são úteis e podem nos fortalecer.

▶ Algumas pessoas não gostam de dar feedback, pois têm receio de ser mal interpretadas e gerar um conflito que considerem desnecessário.

▶ Ao receber um feedback, a pessoa pode duvidar da sinceridade do que foi dito. Ela pode achar que a outra pessoa tem intenções ruins, principalmente se o feedback for negativo crítico.

▶ Ao receber um feedback negativo, a pessoa pode ter uma reação ruim e acabar apontando os defeitos do outro. Isso significa ser reativo.

Se quiser receber bem um feedback, sugerimos as seguintes orientações:

▶ Fique atento ao que está escutando; não interrompa a fala do outro.

▶ Se o que foi dito não estiver claro para você, tire suas dúvidas imediatamente.

▶ Valide com a outra pessoa se o que você está entendendo de fato é o que está sendo dito.

▶ Veja o que pode ser aprendido com essa oportunidade.

▶ Agradeça pelo feedback recebido.

4.2 Habilidades de negociação

As habilidades de negociação são constituídas por técnicas que utilizamos nas atividades cotidianas. Em muitos casos, nem percebemos que estamos negociando, simplesmente porque não sabemos reconhecer que estamos diante de uma negociação. Negociar não acontece apenas em um momento de venda. Negociar significa estabelecer vínculos com outras pessoas para tomarem decisões no dia a dia. Podemos dizer que é o processo em que duas ou mais partes, com objetivos comuns ou diferentes, procuram algum tipo de acordo que as satisfaça.

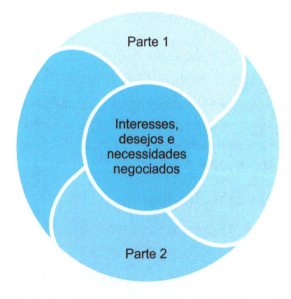

Figura 4.2 - Técnicas eficazes de negociação: buscar acordos.

As negociações estão presentes quando se pede um aumento de salário; ao combinar prazos de entrega de um trabalho; no relacionamento entre duas pessoas, em que cada uma tem suas próprias ideias, seu entendimento, sua conduta ou opinião. Portanto, desenvolver a capacidade de negociar auxilia no desenvolvimento pessoal e profissional.

Em uma negociação, podem surgir conflitos. Esse tipo de situação acontece quando há desacordo com a opinião ou decisão de uma ou mais pessoas de um grupo. Quando surge um conflito, as pessoas podem ficar agitadas e as emoções inflarem; quando há uma forte oposição, é possível que surja uma tensão. Os conflitos acontecem principalmente quando um dos envolvidos perde a negociação. Logo, o ideal é que ambas as partes saiam satisfeitas.

Negociar é mais do que uma arte: representa o processo de comunicação eficiente, baseado na coragem para enfrentar desafios. Em um mundo globalizado, a modernização faz frente aos negócios. A competição em um ambiente de trabalho pode gerar relacionamentos complexos. Saber negociar propicia resultados melhores, ganhos pessoais e profissionais, com pouca ou nenhuma perda para os envolvidos.

Entre as técnicas de negociação, podemos citar fatores estratégicos como: habilidades pessoais, planejamento e organização, treinamento e disciplina, autodesenvolvimento, visão sistêmica, determinação, inovação, alianças, flexibilidade e adaptabilidade.

A comunicação, o feedback, as técnicas de avaliação e de resultados bem aplicadas podem auxiliar uma pessoa a melhorar seu desempenho. Fisher e Ury (2018), em seu livro "Como chegar ao Sim", afirmam que, para que o processo de negociação seja positivo, deve-se fazer uma separação entre pessoas e problemas, concentrar-se nos interesses mútuos e na solução, oferecer opções e estabelecer critérios objetivos.

Todo processo de negociação precisa de planejamento. As etapas de uma negociação devem ocorrer por meio da:

- preparação (elaborar acordos possíveis);
- definição de objetivos (decidir e definir o que se pretende conseguir);
- divulgação ou apresentação (explanação dos argumentos);
- troca ou processo de barganhar (opções para o acordo);
- defesa de opiniões (convencer que há respeito aos interesses de cada um);
- fechamento (acordo final, momento de tirar as dúvidas e rever o que foi acordado);
- avaliação (compromisso final; promessas práticas e realistas de cada parte).

Além de prestar atenção nas etapas da negociação, é importante que os envolvidos fiquem atentos a três elementos fundamentais: tempo, informação e autoridade. Saiba sempre qual é o tempo e o prazo para que sua negociação ocorra; esteja ciente de que você possui as informações necessárias para realizar uma boa negociação; e, por último, analise seu limite de autoridade para dar continuidade à negociação, ou seja, entenda até que ponto você pode decidir sobre os acordos negociados.

Figura 4.3 - Elementos que aumentam a capacidade de negociação.

Vale ressaltar que, no ato de uma negociação, existem três pontos que os negociadores devem buscar: realização, afinidade e poder (Figura 4.4). As pessoas envolvidas se sentem satisfeitas quando alcançam seus objetivos, isto é, suas expectativas são atendidas. Esses três elementos são percebidos como sentimentos e necessidades no ato das negociações. Conhecendo-os melhor, é possível alcançar os resultados desejados.

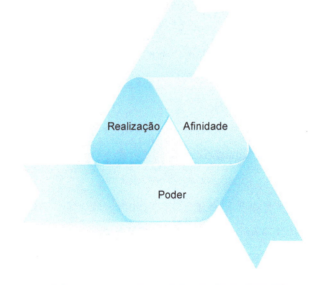

Figura 4.4 - Necessidades manifestadas na negociação.

4.2.1 Convivendo com diferentes negociadores

Quando negociamos, é importante observar o perfil das pessoas envolvidas para entender como lidar com elas.

Os principais tipos de negociadores são: dinâmicos, sociais, rigorosos e detalhistas. A seguir, descrevemos suas características.

Figura 4.5 - Tipos de negociadores.

- **Dinâmico**: ênfase em inovação, criatividade, exclusividade, projetos e ideias.
- **Social**: busca sempre o trabalho em equipe; é preocupado com as pessoas, com o bem-estar geral, em eliminar conflitos e problemas.
- **Rigoroso**: atento a redução de custos, tempo, prazos, resultados, metas; independência em relação aos outros.
- **Detalhista**: preocupado com informações, dados, detalhes, busca a perfeição; preocupação com rede, segurança, garantias e outros.

O principal desafio numa negociação é que todos saiam satisfeitos, já que esse é um processo de troca permanente, uma negociação colaborativa. Valores devem ser conquistados com princípios éticos; espaços devem ser conquistados com persistência e não com competição. Negociar pode ser considerado uma arte. Você é o grande artista que está sempre negociando e construindo a arte de sua própria vida.

4.3 Habilidade de apresentação

Saber apresentar-se é fundamental para você crescer na carreira. Veja alguns benefícios a seguir que podem ser obtidos com o uso adequado da habilidade de apresentação:

- **Oferece visibilidade**: você se expõe para colegas ou superiores.
- **Traz dinamismo**: permite interatividade com a audiência.
- **Momento da oportunidade**: possibilita a exposição de suas ideias.

Seja numa entrevista de emprego, ao compartilhar uma ideia, ou ao defender um projeto ou apresentação em público, o centro das atenções é sempre o apresentador. Essa pessoa tem poder para engrandecer a mensagem ou destruir a informação que está sendo compartilhada.

É importante manter o contato visual em uma apresentação, e as pessoas da audiência devem sentir que são objeto da atenção do apresentador. A duração e a intensidade do contato visual entre duas pessoas revelam o grau de intimidade que existe entre elas.

Por um lado, lembre-se de que o modo como você se veste e se porta influencia na sua credibilidade ao compartilhar uma informação. Mas, por outro lado, uma boa apresentação é muito mais do que uma roupa impecável. Muitas vezes nossos gestos falam muito mais do que nossas palavras. Fique atento.

Mantenha uma boa postura: ombros alinhados, costas eretas, olhar brilhante, andar correto, voz pausada e agradável, comportamento polido, porém firme.

A maneira como você se apresenta pode deixar marcas. Por isso, é importante ter foco. Sua apresentação deve mostrar o profissional que você é e o quanto pode contribuir e oferecer. Toda apresentação deve mostrar com clareza suas qualidades profissionais e pessoais. Enfatize isso.

Ter um diferencial na apresentação pode render pontos. Outros profissionais são tão qualificados quanto você, então mostre uma característica sua que o destaque dos demais. Evite detalhes desnecessários ou excesso de informações. Lembre-se de manter o foco! Assegure-se de que a apresentação está dentro da realidade. Treine sua fala; o espelho pode ser útil. O importante é passar sua mensagem com clareza.

Fazer apresentações ao público é mais que arte ou improviso; exige paciência, preparação e vontade de transmitir a mensagem da forma adequada.

Ao se preparar para uma apresentação, considere as seguintes etapas:

1ª etapa: reflita sobre os objetivos do discurso.

2ª etapa: analise o público-alvo.

3ª etapa: reúna o material adequado e suficiente; exemplifique com questões da atualidade para contextualizar.

4ª etapa: planeje uma abertura de impacto.

5ª etapa: construa esquemas de apresentação (por exemplo, primeiro vou abordar tal assunto; na sequência, comentar a respeito etc.).

6ª etapa: procure escrever frases concisas e claras.

7ª etapa: prepare apoio visual e auditivo.

8ª etapa: busque referências e fontes de apoio que sejam confiáveis.

9ª etapa: escreva um discurso, mas não o decore; é necessário entender o assunto e falar de forma natural.

10ª etapa: elabore uma conclusão positiva que esteja de acordo com a sua introdução.

Tenha sempre uma energia mental sincera, que se some à sua proposta de comunicação. Essas dicas vão contribuir para o sucesso de sua carreira.

4.4 Portfólio profissional: elaboração de currículos

Elaborar um currículo exige atenção e dedicação. Esse documento chega à empresa antes que o candidato, portanto precisa ser bem escrito, sem erros gramaticais, com objetivo e foco. Existe um currículo específico para cada tipo de profissional.

É comum as pessoas terem dúvida de como desenvolver um currículo, ainda mais se for o primeiro. A sugestão é: o currículo deve identificar o candidato (nome); contato (endereço, e-mail, celular); explicar quais são os objetivos, as realizações, os resultados alcançados; incluir participação em projetos voluntários; atividades educacionais; indicar cursos e eventos técnicos em que houve participação é interessante; principais habilidades.

A palavra *curriculum vitae* é de origem latina e significa "trajetória de vida". No Brasil, é simplesmente chamado de currículo. Existem diferentes tipos de currículos, e podemos classificá-los em: tradicionais, *curriculum vitae* e novos (Figura 4.6).

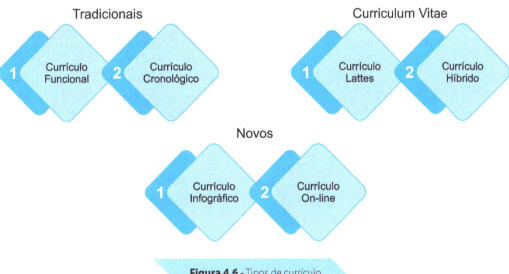

Figura 4.6 - Tipos de currículo.

Veja os tipos de currículo a seguir.

- **Currículo funcional**: exibe as habilidades profissionais. Geralmente é estruturado pelas funções executadas (da mais importante para a menos relevante).
- **Currículo cronológico**: as informações contemplam as datas em que ocorreram os fatos (da mais atual para a mais antiga).
- **Currículo híbrido**: mistura as duas técnicas anteriores. Descreve habilidades, trabalho, potencialidades desenvolvidas, empresas trabalhadas e escolaridade.
- **Currículo Lattes**: é utilizado pelo MEC para avaliação de competências, concessão de bolsas de estudo de pós-graduação, mestrado, doutorado e pós-doutorado. Foi criado pelo Conselho Nacional de Desenvolvimento Científico e Tecnológico (CNPq), como sistema CV Lattes, o mesmo utilizado por outros Ministérios do governo brasileiro para financiar projetos e analisar qualificações de profissionais em diversas áreas do conhecimento técnico-científico. É utilizado por pesquisadores, professores, estudantes, gestores e profissionais envolvidos em sistemas nacionais de pesquisas e desenvolvimento.

- **Currículo on-line**: geralmente, é de fácil preenchimento. Consta em sites como LinkedIn, de empresas, de agências de emprego e de emprego. Em alguns sites, os cadastros são gratuitos; sites mais especializados cobram uma assinatura mensal ou anual. Esses bancos de dado solicitam informações que o candidato preenche e, automaticamente, geram um currículo com base nessas informações.

- **Currículo infográfico**: existem vários aplicativos na internet que permitem transformar seu currículo tradicional em um currículo infográfico, com base no sistema de currículo utilizado. Geralmente esse tipo de currículo tem um visual diferente, que chama atenção e permite o compartilhamento nas redes sociais, como Facebook, Twitter, LinkedIn, Google+ e outros. Antigamente, esse tipo de currículo era indicado apenas para áreas que envolviam criatividade, mas, hoje em dia, com a evolução da tecnologia, passou a ser visto como indicador de atualização diante do mercado profissional.

Na internet existem centenas de modelos prontos para cada tipo de currículo, além de aplicativos que facilitam a sua criação. Utilize esses instrumentos para aumentar suas possibilidades de oportunidades de trabalho.

//// VAMOS RECAPITULAR?

Neste capítulo, você aprendeu novas oportunidades de melhorar sua diferenciação no mercado. Entre elas, podemos citar a necessidade de dar e receber feedback com seu time de trabalho. Promover um feedback é uma ótima forma de aprender. Para que um feedback seja eficaz, sugerimos alguns passos essenciais: combinar previamente com a outra pessoa, utilizar fatos e dados, escolher um momento oportuno, ser transparente e validar para saber se a outra pessoa entendeu o processo de comunicação realizado no feedback.

Em seguida vimos que negociar é um ato contínuo em nossa vida e que extrapola as questões profissionais. No ambiente de trabalho, é necessário que essa técnica seja feita de forma racional. Deve ser realizada de forma que ambas as partes cheguem a acordos favoráveis a todos os envolvidos, prevalecendo o que chamamos de um acordo ganha-ganha.

Realizar apresentações faz parte do cotidiano de qualquer profissional, e tal atividade deve ser feita de forma adequada: identificação do público-alvo, objetivo da apresentação, estrutura do conteúdo, forma de chamar atenção aos pontos essenciais e conclusão.

Você aprendeu que *curriculum vitae* vem do latim e divide-se em: currículo funcional, currículo cronológico, currículo híbrido, currículo Lattes, currículo on-line e currículo infográfico.

AGORA É COM VOCÊ!

1. Na sua opinião, quais são as principais vantagens e desvantagens no processo de comunicação e aprendizado por meio do feedback? Promova uma sessão de feedback com, no mínimo, 3 pessoas, podendo ser do seu convívio acadêmico, profissional e pessoal. Em seguida, veja os diferentes resultados e analise se existe algum ponto comum nos três feedbacks realizados.

2. Uma das formas de nos apresentar ao mercado de trabalho é por meio do currículo. Elabore um currículo que mais se adeque à sua realidade e interesse, tendo como referência os diferentes modelos apresentados neste capítulo.

3. Quais são os tipos de negociadores? Em que momento, cada um dos tipos de negociadores é mais adequado?

5

PROJETO DE VIDA OU PROJETOS DE VIDA?

PARA COMEÇAR

Neste capítulo, trazemos reflexões e dicas que lhe auxiliarão na concretização de seus sonhos: criar um projeto de vida ou projetos de vida. Apresentaremos a percepção do tempo, não como um relógio que passa os minutos e as horas, mas a própria vida e o quanto é importante saber organizar a vida para melhor aproveitar o tempo da vida. Para fazer a elaboração desse projeto de vida, vamos discutir a importância da definição de objetivos, metas, valores e a identificação das fortalezas e fraquezas e o quanto esse reconhecimento pode favorecer o desenvolvimento de nossos talentos.

Com base nessas orientações, você aprenderá a organizar e se preparar para atingir seus objetivos pessoais alinhados aos profissionais.

5.1 O tempo da minha vida, o tempo para meu projeto de vida

Inicialmente apresentaremos um tema que pode impactar diretamente o seu projeto de vida: seu tempo e o que você faz com ele. Assim, queremos saber: como você administra seu tempo?

Para bem dizer, ninguém administra o tempo. Não entendeu? Explicamos: o que fazemos, bem ou mal, é administrar nossos desejos e planos em função das prioridades que elegemos. Ou seja, a partir das nossas prioridades é que definimos o nosso projeto de vida. Vamos explicar isso melhor e fazer uma relação com o uso do tempo.

Na verdade, o tempo é igual para todos. A diferença está em como o utilizamos. Veja bem: se vivêssemos até os 85 anos, poderíamos dizer que temos cerca de 1020 meses, 30.600 dias e 734.400 horas (isso é válido para qualquer pessoa de qualquer parte do mundo). O tempo está igualmente disponível para todos. Concorda?

Talvez você possa estar se perguntando: como algumas pessoas conseguem fazer mais que outras, se dispõem da mesma quantidade de tempo? A resposta é: essas pessoas sabem definir bem suas prioridades, e, por isso, conseguem fazer mais em menos tempo. Elas têm clareza de projetos e desejos que pretendem realizar.

As pessoas que usam bem seu tempo costumam organizar melhor suas vidas. Com isso, podemos dizer que essas pessoas não administram o tempo, mas, sim, administram muito bem suas vidas. Elas sabem quais metas querem atingir e direcionam seus esforços para obter esses resultados. Assim, utilizam seu tempo de forma objetiva.

Outra questão importante sobre o tempo é que ele é inelástico, ou seja, não temos como ampliá-lo. O tempo é irreversível, não podemos guardá-lo numa gaveta ou numa prateleira para depois utilizá-lo. Ele é perecível, ou seja, se não for utilizado corretamente, perde-se. E não temos como recuperar o tempo perdido. O tempo foi e vai embora. Portanto, estabeleça um projeto de vida (ou vários projetos para a vida) e faça um bom uso do seu tempo (tempo de vida).

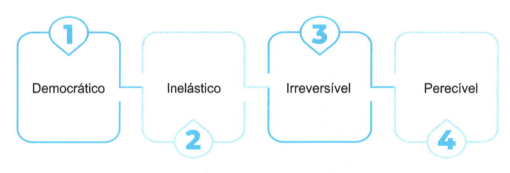

Figura 5.1 - Características do "tempo".

Mas, antes de falarmos sobre seu projeto de vida e como melhor empregar seu tempo, lembre-se de que é necessário organizar seus compromissos diários.

Veja algumas dicas para organizar melhor seu dia a dia.

- **Tenha uma agenda**. Pode ser no celular, no computador, no tablet ou mesmo na agenda tradicional em papel. Escolha a que você considerar mais adequada à sua realidade.
- **Elabore uma lista com todos os compromissos do dia**. Coloque apenas o que consegue fazer. Listar atividades em excesso, além do que você pode fazer, pode gerar um grande mal-estar. Seja realista e preveja as eventualidades. Não podemos usar o tempo que não temos.
- **Considere os tempos de deslocamento**, de espera para ser atendido, atrasos, paradas. Como isso sempre acontece, não despreze o trânsito, o atraso de outras pessoas e até mesmo o seu tempo de pausa.
- **Crie uma lógica sequencial de atividades que você deve realizar**. Essa lógica pode ser o grau de importância das atividades e, ao mesmo tempo, a ordem entre elas.
- **De preferência, tenha tarefas, compromissos, anotações e contatos anotados no mesmo local**. Assim, você ganha tempo quando tiver que fazer alguma consulta.

- **Faça anotações em algo fixo, que você não perca facilmente**. Muitas pessoas gostam de utilizar papéis soltos, porém isso pode gerar uma má utilização do tempo, pois você pode se perder em tantos papéis que precisa administrar.
- **Mantenha o planejamento diário sempre com você**, e, caso necessite, faça uma adaptação às ocorrências do dia. Mude para outro dia o que não conseguir realizar ou verifique se de fato é necessário ser realizado. Veja também se é possível delegar.
- **No final do dia, faça um checklist** verificando se tudo aconteceu dentro do previsto.

Para finalizar essa questão de organização e uso do tempo, o que fazemos num dia deve ter relação com o que pretendemos fazer numa semana; isso deve estar associado ao que pretendemos fazer no mês, no ano e no tempo que temos para viver.

Algumas pessoas criam rituais diários antes de dormir ou ao levantar, e, no fim do dia, marcam tudo no checklist de rotinas de trabalho e vida pessoal. Assim, podem dar atenção a outras tarefas, como estar com a família, assistir à TV ou um filme, relaxar, orar, escutar uma música, ler um livro, por exemplo. Somente no dia seguinte leem novamente o checklist, delegam o que é possível e estabelecem as novas atividades do dia que está começando. Determinam prioridades. Criar rotinas pode ser uma solução para sua vida. O que você acha? Tente colocar isso em prática!

Pensar no longo prazo tem uma relação direta com o que precisamos fazer no curto prazo. Pensar no projeto de vida (longo prazo) tem uma relação com que precisamos fazer hoje e nessa semana. Portanto, aproveite os próximos tópicos deste capítulo para se dedicar a uma reflexão e análise de longo prazo.

5.2 Por que elaborar um projeto de vida (ou projetos de vida)?

Algumas pessoas dizem que não gostam de elaborar um planejamento de longo prazo, alegando que a vida muda constantemente ou que nem sabem se estarão vivas. Assim, afirmam que não é interessante elaborar um projeto de vida.

De fato, sabemos que, no decorrer da vida, existem variáveis que não são controláveis e que podem afetar diretamente nossos planos. Mas isso não significa que não devemos nos planejar e nem que devemos abandonar os sonhos. Isso quer dizer que devemos adaptar os sonhos e os projetos a uma nova realidade, caso ocorram desvios ao longo de nossas vidas.

De acordo com Augusto Cury (2005), "o inesperado sempre acontece". Em outras palavras, precisamos estar preparados para o inesperado. Precisamos prever o que faremos se o improvável acontecer. Alguns chamam isso de plano contingencial.

A necessidade de termos um planejamento de vida é importante, principalmente, por causa do contexto turbulento da sociedade atual, conforme já abordamos aqui. Vivemos em um ambiente de riscos e incertezas. Sem planejar nossas ações, é difícil realizar sonhos.

Para onde vamos sem um planejamento? Para qualquer lugar, inclusive para o lugar onde não desejamos estar. É assim que vive Alice, personagem do livro *As Aventuras de Alice no país das Maravilhas*, de Lewis Carroll. Você quer ser como a Alice? Ou prefere definir seus próprios caminhos e ser o condutor da sua vida?

Veja como é ser uma pessoa sem um planejamento. Observe o diálogo entre Alice e o Gato Risonho.

DISNEY. **Clássicos Favoritos de Todos os Tempos**. São Paulo: Brimar, 1998, p. 431.

Quando falamos de projeto de vida, temos várias dimensões, que devem ser analisadas para que seja possível alcançar um equilíbrio como indivíduos. Também é necessário pensar no âmbito de família, religião, lazer, saúde, além de outras dimensões importantes para você. Ou seja, precisamos pensar em metas e objetivos em cada uma dessas dimensões. Essa é a proposta apontada por Covey (1995) no seu livro *Os 7 hábitos das pessoas altamente eficazes*.

Planejar sua trajetória é planejar sua vida. Comece com um plano individual e foque em todas as suas dimensões pessoais. Apenas em seguida parta para o plano de carreira.

Para realizar uma análise pessoal para seu projeto de vida, com base em todas as informações listadas neste livro, elabore a sua missão pessoal. Para isso, responda as perguntas a seguir:

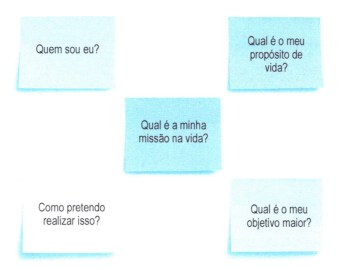

Para começar, redija uma frase de três a cinco linhas para nortear a elaboração da sua missão. É bem provável que você não consiga finalizá-la na primeira tentativa. Não há problema. O importante é que você se identifique com a frase escrita, que ela soe como uma direção para a sua vida.

Redija essa frase quantas vezes achar necessário. Após elaborá-la, coloque-a num local visível para que possa sempre lembrar-se. As reflexões devem estar por escrito, mesmo que não sejam definitivas (e, geralmente, elas não são definitivas, pois muitas vezes fazemos adequações para adaptá-las às necessidades de nossas vidas).

Escreva no seu caderno as respostas ou digite o roteiro usando um editor de texto ou um software de apresentação (por exemplo, PowerPoint).

Ao escrever as reflexões no computador, você pode facilmente alterar quando necessário e adaptá-las à realidade do momento. Se preferir, escreva as reflexões numa agenda de compromissos.

/// AMPLIE SEUS CONHECIMENTOS

Viktor Frankl, neuropsiquiatra austríaco que viveu em um campo de concentração durante um período da Segunda Guerra Mundial (1939-1945), criador e fundador da terceira escola vienense de psicoterapia – a Logoterapia e Análise Existencial –, considera que ter um propósito claro para a vida é um dos elementos essenciais para uma vida com equilíbrio. Quer saber mais? Sugerimos ler o livro *Em Busca de Sentido*, de Frankl. Para ampliar seus conhecimentos, consulte o site: <http://www.logoterapia.com.br/>. Acesso em: 05 fev. 2020.

O primeiro passo é realizar uma análise individual para que você possa visualizar suas conquistas e rever suas ações. Portanto, propomos algumas reflexões para que você elabore seu projeto de vida. Veja a seguir.

Reflexões para formular o projeto de vida

▶ Quais são os valores que você considera importante para alcançar seus objetivos?

▶ Quais são os seus sonhos e desejos? Quem você quer ser daqui a 10 anos?

▶ O que você está fazendo hoje para alcançar esse sonho e/ou desejo?

▶ Quais são as suas metas? O que você vai usar como prova de que conquistou esse sonho daqui a 10 anos?

▶ Como você gostaria de ser reconhecido?

▶ Quais são os seus pontos fortes?

▶ Quais são os seus pontos fracos?

▶ O que pode ser feito para melhorar ainda mais seus pontos fortes e fracos?

▶ De quais pessoas você precisa se aproximar para atingir seus objetivos?

▶ Existem pessoas que servem de inspiração?

▶ O que você pretende fazer para satisfazer suas vontades, seus desejos mais íntimos do coração? Eles trarão felicidade?

▶ Esse projeto de vida permitirá a conquista daquilo que você deseja e permitirá ajudar outras pessoas?

▶ Nesse projeto de vida, você está contemplando sua saúde, lazer, felicidade, com base em metas altruístas e ao lado das pessoas com quem você gostaria de conviver?

▶ Existe um objetivo maior que pode ser atendido?

Esse roteiro vai ajudar você a se posicionar diante de seus próprios sonhos. Responda cada pergunta, pois, dessa forma, você se sentirá mais seguro para agir e alcançar os melhores resultados. Após responder esse questionário, mantenha-o num local de fácil acesso, para que possa relembrar suas metas sempre que necessitar.

Essas reflexões propostas são profundas e necessitam de um momento especial para serem respondidas. Fique num local silencioso e coloque uma música de fundo que traga reflexão e inspiração. Esteja completamente com você. Observe seus sentimentos.

Mas, antes de começar a responder, fique atento a algumas explicações que podem ajudar você a elaborar as propostas. A seguir, detalharemos um pouco mais cada questão.

5.3 Valores essenciais para alcançar seus objetivos

Valores são convicções pessoais adquiridas ao longo da vida. Eles ditam o comportamento do indivíduo, tanto no trabalho quanto em sociedade. Valores éticos definem o que o indivíduo considera como certo ou errado na sua vida. Esses valores servem como um guia para você tomar atitudes e ações corretas para o dia a dia. Também servem para você identificar o comportamento adequado em cada situação.

Identificar seus valores ajuda a definir o que você deve ou não aceitar; se as condições e oportunidades do momento fazem bem ou não. Os valores sinalizam quem somos, como nos comportamos e qual é nossa conduta.

Por exemplo, se considero a honestidade um valor importante, com certeza não aceitarei oportunidades de trabalho vinculadas ao tráfico de drogas ou ao roubo de cargas. Essas atividades são contrárias aos meus valores e, além de me colocarem em risco de sofrer graves consequências, são contravenções penais.

Entender quais são seus valores servirá como guia de conduta no seu projeto de vida.

5.4 Meus sonhos e desejos a longo prazo

Os sonhos e desejos são os principais propulsionadores e motivadores das pessoas. Sim, sonhar é bom, é motivador, nos faz sorrir e dá significado à vida. Sonhar alto nos dá o entusiasmo necessário para ter energia para agir em prol dos nossos planos, para empreender a nossa própria vida. Quem não sonha, não tem propósito de vida claro para si próprio.

Por conta de tudo isso, perguntamos: quais são seus sonhos e desejos? Quem você deseja ser a longo prazo? Pense daqui a dez anos! Se quiser, reduza o prazo do "longo prazo", porém sempre aconselhamos a pensar bem para a frente. O que determina o que precisamos fazer hoje são os nossos sonhos.

FIQUE DE OLHO!

Quando sabemos para onde queremos ir, todos os nossos esforços são direcionados para atingir esses objetivos. Assim, os resultados tendem a aparecer antes do prazo estimado.

Para facilitar o pensamento de longo prazo, faça o seguinte: trace para cada ano uma meta a ser alcançada. Uma dica: comece listando o que você quer para daqui a dez anos até chegar no ano 1. Em seguida, pergunte-se: é viável atingir o que desejo no prazo estimado? Os projetos podem ser desenvolvidos em menos tempo ou necessitam de mais tempo? O que estou fazendo hoje para alcançar esses sonhos e desejos?

Para essa análise, sugerimos utilizar uma ferramenta chamada *Road Map*. Trata-se de uma seta fragmentada em várias pequenas setas; cada uma delas deve determinar um período e indicar a meta atingida. O período de cada pequena seta deve estar de acordo com o prazo estabelecido. Se, por exemplo, você colocou apenas dois anos, sugerimos dividir a seta em bimestres ou trimestres. Observe um exemplo de *Road Map* na Figura 5.2.

Para cada ano, descreva a meta que você quer realizar. Preencha o *Road Map* partindo do ano dez e, depois, retorne ano a ano. Assim, você se posicionará no ano em que deve alcançar a meta de longo prazo, ou seja, a meta que demandou mais esforço e persistência.

Figura 5.2 - Exemplo de Road Map.

5.5 Meus objetivos e minhas metas

Falar que vamos fazer um plano de vida é fácil. Mas como podemos provar para nós mesmos que estamos colocando em prática aquilo a que nos propusemos? Como saber se atingimos a meta de cada fase do plano? A sugestão é definir metas para cada fase. Dessa forma, conseguimos verificar se estamos ou não conseguindo alcançar nossos objetivos. Se não estivermos sendo bem-sucedidos, podemos pensar em ações corretivas.

Vamos falar rapidamente sobre uma meta.

Meta é quantificar um objetivo a ser alcançado. Caso não seja possível quantificá-lo, defina um aspecto qualitativo que lhe dê um referencial para saber se atingiu ou não o que deseja. Definir metas facilita avaliar os resultados planejados e obtidos. As metas estão relacionadas aos objetivos que você deseja alcançar, conforme a sua projeção para cada ano.

EXEMPLO

Você pode dizer que a sua meta para os próximos dois anos é estar formado. Essa é uma meta qualitativa. Também pode dizer que nos próximos cinco anos quer ter um aumento salarial de 20% sobre sua remuneração atual. Essa é uma meta quantitativa baseada na metodologia SMART, que considera que todas as metas devem ser quantificáveis, mensuráveis e deve ocorrer num determinado prazo. SMART é uma sigla que significa: S (específico), M (mensurável), A (alcançável), R (relevante), T (tempo para realizar). Todas as vezes que você definir uma meta verifique se é mensurável, alcançável, relevante e em qual tempo ela deverá ser atingida.

FIQUE DE OLHO!

Ao pensar em suas metas, reflita sobre o que o motiva a alcançá-las. Sabemos que investimos energia para realizar uma atividade quando estamos motivados. O sentimento positivo nos impulsiona a concretizar algo e nos direciona com mais força para aonde queremos chegar. Assim, fazemos melhor o que precisamos fazer.

5.6 Formas de reconhecimento

A forma como você gostaria de ser reconhecido está vinculada à sua marca. Todos nós temos uma marca que nos define, assim como identificamos as organizações empresariais a partir de uma marca e uma cultura organizacional.

Nos âmbitos profissional e pessoal, precisamos definir bem a nossa marca. É ela que nos distinguirá dos outros. Ser reconhecido pelo que fazemos e por quem somos é uma das melhores formas de nos manter motivados. Ser reconhecido significa gerar valor para as pessoas com quem vivemos.

Para o âmbito profissional, sugerimos que você tente se enxergar como uma empresa, pois estamos sempre em posição de "venda" de nossos serviços, nossas qualificações e competências profissionais. Pensar sob essa perspectiva nos diferencia e nos posiciona de forma mais competitiva; ficamos alertas diante das oportunidades que surgem.

Para você refletir: quais características você tem e o diferencia das outras pessoas? Quais atributos você deseja incorporar às suas atitudes? Pense no que pode trazer vantagens em todas as áreas da sua vida.

/// AMPLIE SEUS CONHECIMENTOS

O escritor e economista norte-americano Tom Peters escreveu um artigo chamado *Corra! Bem-vindo à Era do Eu S.A. Você não é um título ou um cargo numa empresa. Você é uma marca. Administre-a ou você está frito.* Nesse texto, ele faz uma abordagem bastante interessante. Vale a pena conferir! Peters também aborda outros assuntos importantes, como lealdade nas organizações, marketing pessoal, nosso poder interno, e reflete sobre a importância do pensar no futuro.

Fonte: Revista Exame. São Paulo, 643 ed., 27 ago. 1997, p. 108.

5.7 Análise das fortalezas e das fraquezas

Reconhecer nossos pontos fortes e fracos pode ser um diferencial facilitador para definirmos o que podemos ou não fazer. Todos nós temos pontos fortes que devemos valorizar; também temos pontos fracos que devem ser minimizados e trabalhados.

Pontos fortes são as características e competências que nos destacam como pessoas e profissionais. Em outras palavras, é quando dizemos: "pode deixar que eu faço bem-feito"; "pode deixar que isso é muito fácil para mim"; "essa atividade eu desenvolvo com a maior competência". Ou seja, é quando você reconhece suas habilidades e sabe que faz determinada tarefa muito bem.

Pontos fracos são as características ou aspectos que não estão adequados a uma determinada necessidade. Ou seja, caso você se proponha a fazer, pode ser que a tarefa não seja realizada da melhor forma possível, tendo em vista que você não possui as características necessárias.

/// EXEMPLO

Imagine a situação em que você precisa conversar com uma pessoa em outro idioma que não seja o português. É bem provável que você não consiga estabelecer uma boa comunicação, pois muitas coisas podem não ser entendidas, tanto por você quanto pela outra pessoa.

Uma vez que você reconheça seus pontos fortes e fracos, conseguirá identificar o que deve ser feito para melhorar, seja fortalecendo o que já tem de bom, seja se esforçando para corrigir ou melhorar os pontos fracos.

Vale ressaltar que algumas pessoas entendem ser necessário focar mais em melhorar os pontos fracos, porém é exatamente o contrário. O foco maior deve ser expandir cada vez mais as boas qualidades e habilidades. Assim, você não perde suas vantagens competitivas e continua se destacando. Em seguida, você pode olhar com carinho para suas fraquezas e pensar em como amenizá-las.

VAMOS RECAPITULAR?

Neste capítulo você aprendeu a importância de termos um planejamento pessoal para melhor direcionar os nossos esforços para o sonho de empreender as nossas próprias vidas e que o ponto de partida é ter um entendimento do uso do tempo que temos disponível ao longo de toda a nossa vida.

Sugerimos que um projeto de vida seja realizado de forma ampla e não contendo apenas uma proposta de ordem profissional, pois como indivíduos devemos estar aptos sob várias dimensões do ser humano. Lembrando que o projeto profissional deve estar alinhado ao projeto pessoal.

Você conheceu várias orientações para facilitar a organização dos seus objetivos e metas tendo como referência a autoanálise dos seus propósitos e das suas características como indivíduo.

Também foi apresentada como fator elementar para qualquer pessoa e profissional a definição da missão e dos valores pessoais para que possam servir como guia para nossas vidas.

Sugerimos a sua autoavaliação levando em conta suas características e atitudes consideradas fortalezas e fraquezas. Todos os aspectos considerados neste capítulo lhe favorecerão na constituição de sua marca, ou seja, na forma como você será reconhecido, constituindo o seu Eu.

AGORA É COM VOCÊ!

1. Com base nos conceitos apresentados neste capítulo, elabore seu roteiro pessoal, ou, em outras palavras, seu projeto de vida. Considere:

   a. Quem você quer ser daqui a dez anos? Qual é o seu sonho e/ou desejo?

   b. Minhas metas anuais para os próximos dez anos são:

   ▸ Ano 1.   ▸ Ano 3.   ▸ Ano 5.   ▸ Ano 7.   ▸ Ano 9.

   ▸ Ano 2.   ▸ Ano 4.   ▸ Ano 6.   ▸ Ano 8.   ▸ Ano 10.

   c. O que o motiva a alcançar essas metas?

   d. Qual será a prova (evidência) de que conquistou esse sonho ao longo de cada um dos anos?

   e. Como você quer ser reconhecido? Quais são as características da sua marca?

   f. O que você está fazendo hoje para alcançar esse sonho e/ou desejo?

   g. Quais são os seus pontos fortes?

   h. Quais são os seus pontos fracos?

   i. O que pode ser feito para melhorar ainda mais os pontos fortes e fracos?

   j. Quais são os valores que você considera importantes para alcançar seus sonhos?

   k. Qual é a sua missão?

   l. Elabore o que você deseja atingir em cada uma das dimensões de sua vida:

   ▸ Família   ▸ Lazer   ▸ Social

   ▸ Espiritual   ▸ Saúde

   Se desejar, cite outras dimensões que considerar importantes.

6

PLANEJAMENTO DE CARREIRA: TÉCNICAS E ORIENTAÇÕES

PARA COMEÇAR

Neste capítulo, trataremos de estratégias para estruturar o planejamento da carreira, apontaremos em que momento devemos planejar a carreira, como buscar as primeiras oportunidades no mundo do trabalho e a importância dos primeiros momentos para a constituição do desenvolvimento da carreira, como constituir uma marca positiva e favorável à carreira, como buscar um crescimento profissional contínuo, como ter a carreira em nossas mãos e, por fim, como modelar todas essas informações no plano de carreira. Ao longo de todo o capítulo são repassados vários estímulos positivos a favor de uma postura que valoriza o protagonismo profissional.

6.1 Como estruturar o planejamento da sua carreira?

O planejamento de carreira é essencial para o sucesso profissional. Isso significa que construir um futuro profissional depende de várias atitudes elaboradas e pensadas que dependem exclusivamente de nós mesmos.

Pode parecer estranho, mas o planejamento precisa começar pelo fim, ou seja, você deve refletir sobre algumas questões:

- Qual é o trabalho dos seus sonhos?
- Que tipo de empresa você deseja ter?
- Até aonde pretende chegar profissionalmente?
- Quais metas deseja alcançar até se aposentar?
- Será que devo me aposentar?

Essas perguntas precisam de respostas para uma melhor estruturação de um planejamento de carreira. O profissional que almeja o sucesso precisa estabelecer metas, desafios e objetivos claros para obter bons resultados.

Não se esqueça de que, para criar reais oportunidades no mundo do trabalho, é necessário ter experiências, aprender, se empenhar, ter empatia, dedicação, saber trabalhar em equipe, além de várias outras habilidades que contemplam os requisitos de cada área de interesse.

Apesar de o planejamento de carreira ser uma decisão individual, existem empresas que analisam e auxiliam seus colaboradores neste planejamento. Esse processo quando realizado pela empresa é vantajoso, pois potencializa os resultados do colaborador e cria empatia entre a organização e seu funcionário.

Algumas empresas, inclusive, contratam consultorias especializadas para orientar seus funcionários. Algumas dessas consultorias trabalham como coach (treinador), tendo como papel primordial apoiar seus *coachee* (as pessoas que são orientadas) para atingir o objetivo escolhido. Esse processo é denominado coaching.

O coaching trabalha impulsionando o profissional por meio de um plano de ação e com momentos de feedback sobre as ações realizadas. O objetivo é criar um movimento para ação em prol dos objetivos planejados.

Caso você opte por uma carreira como profissional autônomo, será responsável pelo seu plano de carreira, conforme observar as necessidades diárias do trabalho. Entretanto, se necessitar de apoio, você poderá contratar um profissional de coaching para lhe ajudar no redirecionamento da sua carreira.

O profissional de sucesso pensa no longo prazo e para isso precisa definir estratégias para conquistar seus sonhos, precisa estar disponível para assumir os desafios e as responsabilidades pertinentes ao seu projeto de carreira. Precisa ter claro quais são seus objetivos e metas para ficar mais fácil definir o que fazer.

Para planejar sua carreira é preciso ter um pensamento estruturado e direcionado. Então, vamos começar a estruturar esse pensamento?

Observe a Figura 6.1.

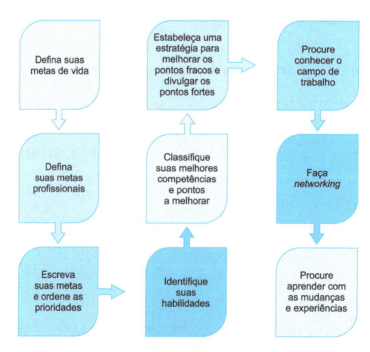

Figura 6.1 - Passos para estruturar um pensamento com foco na carreira.

Essa estrutura de pensamento permite desenhar caminhos, vislumbrar diferentes oportunidades e horizontes, mesmo sabendo que as tecnologias de uma forma geral têm tornado várias carreiras "obsoletas", tornando-se fundamental desenvolver novas habilidades e competências continuamente. O objetivo de termos um pensamento estruturado para a carreira é garantir oportunidades de trabalho e renda.

Conheça os principais conceitos sobre cada um dos passos apresentados para a estruturação da carreira da Figura 6.1:

- **Defina suas metas de vida**: estabeleça de forma ampla o que deseja realizar na vida, envolvendo os vários aspectos pessoais relacionados à família, ao aprendizado, às relações sociais, ao entendimento espiritual, ao lazer. Escolha diferentes campos da vida que você considera importantes e estabeleça os seus sonhos e as suas metas para esses sonhos. Veja como pensar nas metas da vida no Capítulo 5.

- **Defina suas metas profissionais**: tendo como referência as metas da vida, estabeleça qual profissão e tipo de carreira que mais se adapta às suas metas de vida, que compõem o seu projeto de vida. As atividades profissionais compõem seu projeto de vida.

- **Ordene as prioridades**: defina quais ações são necessárias para que os objetivos estabelecidos sejam realizados em seguida, defina as prioridades e analise o que deve vir primeiro para realizar os seus sonhos e seus desejos.

- **Estabeleça estratégias para minimizar os pontos fracos e fortalecer os pontos fortes**: conheça suas competências e habilidades. Veja mais no Capítulo 5.

- **Identifique suas competências**: nossa competência está relacionada à capacidade de que temos de resolver determinadas questões em função do que sabemos. Analise como você interage em relacionamentos interpessoais, trabalhos em equipe, liderança, criatividade, análise e solução de problemas, flexibilidade, comunicação oral, verbal e virtual (networking digital, sistemas, redes, processos, softwares etc.). Empreenda ações para melhorar a produtividade ou desenvolver novas competências.

- **Identifique suas habilidades**: quando falamos de habilidades, estamos nos referindo ao que sabemos fazer. Em vários dicionários, descreve-se como hábil a pessoa com competência para executar determinado objetivo. Existem habilidades educacionais (ser bom em algum conteúdo); habilidades mecânicas (capacidade de manusear máquinas), habilidade verbal (capacidade de se expressar e falar em público); habilidade matemática (facilidade de interpretar e resolver fórmulas matemáticas); habilidade numérica (competência para trabalhar com números); habilidades culinárias ou artísticas, entre outras.

- **Procure conhecer o campo de trabalho e acompanhe as mudanças do setor**: nada é permanente, inclusive no âmbito do mundo do trabalho; a tecnologia e o conhecimento nos impulsionam a novos patamares a cada dia. É bem provável que você não seja a mesma pessoa que um dia começou um curso ou treinamento, que aprendeu novas técnicas até então desconhecidas. Aprender e desaprender nesse novo milênio é *essencial* para o desenvolvimento de competências.

  A história mostra isso: na década de 1940 e 1950, o rádio foi o meio de comunicação mais importante no Brasil; na década de 1950, a TV em preto e branco era a sensação; em 1972, é iniciada a primeira transmissão em cores no Brasil, o que transformou a mídia, a propaganda e os processos de comunicação.

Em seguida, surgiram os microcomputadores, a internet e as redes sociais, que incrementaram as formas de comunicação. Soma-se a isso o desenvolvimento da tecnologia móvel, que ampliou o acesso a informações que não eram comumente disponíveis para a sociedade.

Você quer acompanhar o seu tempo? Aceite com naturalidade as mudanças coletivas. Isso vai impactar positivamente o seu crescimento profissional.

▸ **Promova o networking**: parte do nosso sucesso profissional está relacionado aos contatos que realizamos. É por meio dele que conseguimos muitas das oportunidades de trabalho. Veja mais sobre networking no Capítulo 3.

6.2 Existe tempo certo para planejar a carreira?

Claro que quanto mais cedo você elaborar seu plano, melhor; mas é preciso ter em mente que até profissionais próximos da aposentadoria precisam planejar novos horizontes de ocupação, haja vista que a expectativa de vida aumentou e a tendência de muitas pessoas é não optar por parar suas atividades profissionais e, também, porque a todo momento nossas vidas mudam e são geradas novas demandas e necessidades. Também sabemos que ao longo de nossas vidas, a tendência é mudar de 3 a 5 vezes nossa atuação profissional.

Ao definir metas profissionais devemos estabelecer prazos para atingir o que desejamos e muitas vezes essas metas estão associadas a uma mudança de status em função do nível hierárquico que desejamos ocupar, como por exemplo: mudar de uma função operacional à gerencial; de funcionário para empresário; de empresário para profissional autônomo, ou seja, estamos sempre fazendo mudanças ao longo do percurso profissional.

Todo plano de carreira precisa ser revisto ao longo dos diferentes momentos da vida e em função das mudanças do contexto em que estamos inseridos, visto também que surgem novas tecnologias, novos métodos e técnicas, novos estilos de abordagem e formas de comunicação que nos obrigam a atualizar nossos conhecimentos e nossas práticas para que nos posicionemos de diferentes formas.

Nas escolas, em faculdades e em palestras é muito comum ouvir dos educadores e palestrantes que um plano de carreira pode ser chamado de plano de ação ou plano de aprendizado profissional. Ao colocar esse plano em prática vamos aprendendo e reformulando-o conforme as experiências vividas e desafios do dia a dia.

No ambiente empresarial, o planejamento de carreira costuma ser composto por plano de cargos e salários, treinamentos e ações de desenvolvimento, além de mapeamento de competências. Para tal, é necessário entender como cada organização estrutura as possibilidades para suas equipes.

Podemos dizer que a todo momento é a hora de elaborarmos e revisarmos o plano de carreira, pois ele deve servir como um norteador, devendo se adaptar com as variáveis que vão ocorrendo ao longo de nossas vidas. Podemos até dizer que ele nunca estará pronto, sempre estará em movimento.

6.3 Como buscar as primeiras oportunidades no mundo do trabalho?

Encontrar um trabalho não é tarefa das mais fáceis. Isso pode ser complicado para quem busca o primeiro emprego e até mesmo para profissionais experientes. Mas queremos ressaltar o quanto são importantes as primeiras experiências profissionais, pois elas constituirão a base da sua caminhada profissional, elas podem ser o seu grande alavancador de oportunidades futuras. Entendemos que as barreiras iniciais, ao longo de todo o percurso profissional, são parte natural do processo do desenvolvimento profissional. A diferença é o que aprendemos e como lidamos com cada experiência que vivenciamos.

Se pensarmos no primeiro trabalho, o primeiro passo que você necessita é definirem qual área deseja trabalhar, a atividade que deseja realizar, o cargo que deseja ocupar e identificar quais suas habilidades, seus conhecimentos e suas experiências profissionais são necessárias para esse objetivo.

Para vencer o obstáculo da falta de experiência, uma das alternativas é realizar trabalhos voluntários que agreguem conhecimento profissional ao objetivo que deseja atingir. No Brasil, existe o Grupo de Institutos Fundações e Empresas (GIFE), que reúne em seu site as principais empresas que atuam com trabalhos sociais. Para saber de oportunidades nesse contexto, acesse o link <www.gife.org.br>.

Outra opção para iniciantes é o Programa Verde Amarelo, lançado pelo Governo Federal, que constitui num incentivo ao primeiro emprego, que contempla jovens de 18 a 29 anos que nunca tiveram registro formal de emprego. Esse Programa entrou em vigor a partir de janeiro de 2020. Nessa modalidade, o jovem contratado é beneficiado com um FGTS menor que os demais empregados, deixando de ser 8% para 2%, o empregador pode pagar mensalmente as férias e não pagar a contribuição patronal ao INSS de 20%, nem o sistema S (SESI, SESC, SENAT, SENAI), nem o salário-educação. Esse tipo de contratação deve estar limitado a 20% do total de funcionários da empresa e com pagamento máximo limitado a 1,5 salários mínimos nacional. Em caso de rescisão contratual a multa é de 20% desde que de comum acordo. Esse programa visa diminuir o custo de contratação e de desligamento dos jovens das empresas e ao mesmo tempo uma forma de ingresso ao mercado de trabalho.

Além dessas opções, existe a escolha de estágio e de jovem aprendiz, conforme comentado no Capítulo 7.

> **FIQUE DE OLHO!**
>
> Ao buscar novas oportunidades, é essencial estar preparado para os processos seletivos, que incluem entrevistas, dinâmicas de grupo e testes aplicados pelas empresas. Na avaliação de sua competência, habilidade e atitudes são considerados todos os cursos realizados e os trabalhos voluntários. Como atitudes são valorizados pelos recrutadores: o dinamismo, a criatividade, o trabalho em equipe e posturas proativas para solucionar problemas.

Após ser contratado, lembre-se: o início de estruturação de uma carreira não é fácil. É preciso ter entusiasmo, vontade de aprender, compromisso com resultados do trabalho e disposição para reaprender continuamente.

6.4 Invista na construção positiva da sua marca

Nem todos concordam, mas você pode se perceber como um "produto". Isso mesmo, ao buscar um trabalho, você está oferecendo suas habilidades a uma empresa que precisa de pessoas com as suas competências e experiências. Esse é um sistema de troca, no qual a empresa remunera você pelos serviços prestados.

Para investir na sua marca pessoal, além das informações repassadas no Capítulo 3, no tópico 3.2 sobre Marketing Pessoal, você precisa ter algumas boas práticas, tais como:

- **cuidados ao postar conteúdos (textos, fotos, vídeos) nas redes sociais** visto que muitos recrutadores pesquisam seus perfis e isso ocorre para que possam avaliar posturas, comportamentos, tipos de linguagem e grupos de afinidades em outros ambientes, além do profissional.

  Sabendo disso, crie conteúdos positivos para seus perfis, participe de grupos de conhecimentos e grupos de discussão específicos da sua área de atuação. Nas redes sociais restritas a amigos e familiares, você tem mais liberdade de publicar informações de outra natureza.

  Mas, lembrando-se: todo conteúdo publicado nas redes sociais torna-se público, mesmo que você tente restringi-lo. Se alguém compartilhar determinada foto, comentário ou informação, podem viralizar na rede. Todo cuidado é pouco ao divulgar conteúdo na internet!

- **saber comportar-se durante um processo seletivo**, pois além de estabelecer um relacionamento respeitoso com as pessoas, outro ponto importante é a forma como você se veste para uma entrevista ou eventos da própria empresa. Saiba que você é analisado pelos seus pares, por recrutadores ou participantes continuamente.

  A sua roupa pode ser vista como uma "embalagem". Reflita: você está usando uma roupa adequada? Sua imagem pode lhe posicionar para oportunidades futuras. Suas roupas impactam na sua imagem, escolha-as adequadamente para que não prejudiquem sua imagem no ambiente de trabalho.

  Como saber qual é a melhor roupa? Procure conhecer com quem você vai conversar, seja em relação à empresa, seja em relação ao profissional que lhe entrevistará. Por exemplo: se você vai em uma empresa de propaganda e marketing ou em uma organização artística, pode escolher um visual mais ousado, mas se for em uma empresa tradicional, use um estilo mais conservador.

- **monte uma apresentação digital**. Atualmente, um site ou blog vale mais que centenas de catálogos impressos. Eles permitem que você fale de forma rápida e direta com seu público-alvo. Essa dica serve também para quem está buscando uma nova colocação. Construa seu blog, sua página ou algo que possa lhe posicionar no mundo digital.

- **procure desenvolver hábitos positivos,** como: evite excessos dentro e fora do ambiente de trabalho; cumpra as responsabilidades que lhe foram atribuídas; tome decisões mais rápidas; tenha flexibilidade para saber lidar com as mudanças; tenha disciplina para o lazer e o tempo livre; entre em alguma discussão apenas quando tem algo a contribuir; defina horários para ler e responder e-mails; evite acessar as redes sociais no horário de trabalho; aproveite os treinamentos ofertados pela empresa; tome decisões baseadas em fatos e, sempre, ouça atentamente para evitar ruídos de comunicação.

- **seja persistente com seu propósito**. O ex-jogador de basquete Michael Jordan sempre disse em suas entrevistas: "Se há uma característica comum aos grandes campeões em qualquer área de atividade, é a habilidade de manter o foco".

- **seja seu próprio técnico**: estabeleça suas regras, tenha disciplina, aponte os resultados, vibre com suas conquistas, seja tolerante consigo e com os outros; fique atento aos detalhes do que ocorre ao seu redor. Pontue e anote todas as suas conquistas, desde as pequenas vitórias diárias até os sonhos realizados: isso trará motivação e vontade de ir além.

6.5 Desenvolvimento: a busca contínua pelo crescimento profissional

Como desenvolver habilidades que deixarão você mais bem posicionado para buscar um trabalho? O principal é: tenha compromisso com seu futuro. Estabeleça metas claras para o seu desenvolvimento contínuo. Tornar-se um profissional requisitado pelo mundo do trabalho exige investir tempo, dedicação e estudos para melhorar o trabalho que você executa e realizará no futuro.

Cada profissional tem uma trajetória pessoal, na qual existem diferentes caminhos a seguir. Ao buscar a concretização dos seus sonhos você encontrará desafios. Eles podem estar relacionados à necessidade de atualização, saber trabalhar em equipe, interagir com o ambiente físico ou virtual. Portanto é preciso ter atitudes para se desenvolver continuamente.

Para ampliar sua vida acadêmica, você pode buscar escolas profissionalizantes (auxiliares ou técnicas) autorizadas pelo Ministério da Educação (MEC); cursos superiores em gestão tecnológica ou cursos de bacharelado; pós-graduações; cursos de extensão universitária; cursos livres específicos com certificado, projetos ou outros.

Atualizar-se sempre é um diferencial dos profissionais que entendem as novas demandas do mercado. O aprendizado contínuo vem também da observação crítica da realidade, basta que você esteja atento ao que ocorre ao seu redor. Buscar novos conhecimentos é a base para sobreviver e sobressair num mercado de trabalho com mudanças constantes. Portanto, não espere a empresa oferecer oportunidades de conhecimento ou pagar cursos para você. É você que precisa criar condições para adquirir as informações técnicas, habilidades e competências educacionais para o mundo do trabalho que deseja atuar.

Muitas instituições de ensino oferecem bibliotecas e laboratórios de informática. Utilize esses ambientes para pesquisar e identificar novas oportunidades para revisar e reorganizar as experiências profissionais.

O Quadro 6.1 indica pontos que você pode seguir para estabelecer as ações necessárias para potencializar sua carreira.

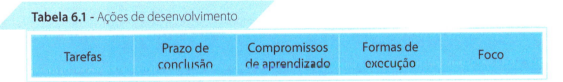

Tabela 6.1 - Ações de desenvolvimento

Tarefas	Prazo de conclusão	Compromissos de aprendizado	Formas de execução	Foco

Agora, pegue um caderno ou um editor de texto e crie uma tabela com um planejamento das ações de desenvolvimento com base no Quadro 6.1. Utilize as orientações a seguir.

- **Tarefas**: aponte as temáticas que serão úteis para você.
- **Prazo de conclusão**: determine prazo para concluir o aprendizado.
- **Compromissos de aprendizado**: defina o que deseja estudar por meio de cursos, palestras, treinamentos, leituras, entrevistas com profissionais especializados, entre outras formas que podem impulsionar sua carreira.
- **Forma de execução**: identifique os locais, datas e horários que ofertam as oportunidades apontadas.

▸ **Foco**: tenha claro o que almeja com cada aprendizado e utilize isso como um medidor de eficácia para seu objetivo de aprendizado. Ao final de cada tarefa, faça a pergunta: aprendi o que precisava? Consigo colocar em prática o aprendizado?

Após ter identificado as oportunidades de aprendizado, utilize a estrutura apontada na Figura 6.2 e reforce as ações necessárias para ter um bom alinhamento entre seu desenvolvimento e seus objetivos profissionais.

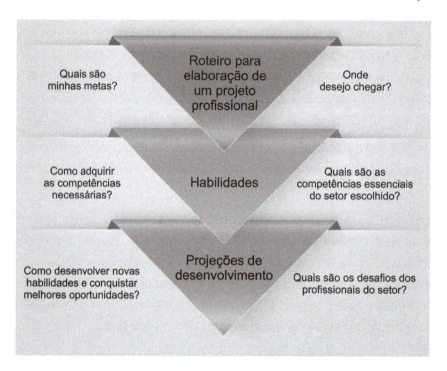

Figura 6.2 - Alinhamento entre o desenvolvimento e os objetivos profissionais.

Com base nas respostas deste alinhamento, crie um cronograma de atividades, escreva as ações de desenvolvimento e trace uma linha do tempo contendo as fases que deseja alcançar.

Se preferir, você também pode criar outro modelo de planejamento de desenvolvimento, como mostra a Figura 6.3 – Ações a curto, médio e longo prazo.

Ser um técnico de segurança

▸ Ação: identificar as escolas de segurança do trabalho mais perto de minha residência.
▸ Meios: definir como será pago o curso.
▸ Tempo: em que pretendo concluir o curso.
▸ Conhecimentos necessários: para me destacar neste setor.
▸ Estratégia: participar de grupos de discussão de segurança e medicina do trabalho para estar atualizado com a área profissional.

Estudar Engenharia de Segurança do Trabalho

▸ Ação: identificar as faculdades de engenharia de segurança do trabalho mais perto de minha residência.
▸ Meios: definir como será pago o curso.
▸ Tempo: em que pretendo concluir o curso.
▸ Conhecimentos necessários: para me destacar neste setor.
▸ Estratégia: conhecer mais da área de meio ambiente, legislação trabalhista, riscos e sinistros.
Participar de palestras e eventos.

Ser professor universitário

▸ Ação: fazer curso de aperfeiçoamento profissional, pós-graduação e mestrado.
▸ Meios: definir como será pago o curso.
▸ Tempo: em que pretendo concluir o curso.
▸ Conhecimentos necessários: para me destacar neste setor.
▸ Estratégia: participar de congressos, feiras nacionais e internacionais, escrever artigos, proferir palestras etc.

Figura 6.3 - Ações a curto, médio e longo prazo.

Outra ideia é criar um infográfico ou Gráfico de Realizações que relacione metas a serem realizadas em determinado período de tempo. Por exemplo, metas a conquistar entre 20-25 anos; 25-30 anos; 30-35 anos. Esse tipo de infográfico é uma projeção do que você deseja para o futuro.

Isso permitirá que você visualize os desafios que pode ter ao longo do tempo. Será um auxílio para concretizar as metas pessoais e profissionais.

Veja na Figura 6.4 um modelo de Gráfico de Realizações.

Figura 6.4 - Gráfico de Realizações.

Vários profissionais de sucesso costumam criar hábitos que ajudam a conquistar vitórias. Um desses hábitos é anotar diária ou semanalmente suas realizações e isso os motiva, porque permite que visualizem sua evolução, além do crescimento pessoal e profissional. Essa é mais uma ferramenta que pode ajudar você a monitorar e impulsionar sua carreira.

/// AMPLIE SEUS CONHECIMENTOS

Você sabia que no Brasil, em 1920, um jovem que sabia ler e escrever tinha vantagem competitiva em relação aos seus candidatos? Em 1950, a vantagem competitiva era ter terminado o primário (hoje conhecido como 1º e 2º ciclo do ensino fundamental); nas décadas de 1970 a 1980, o ensino técnico destacava-se como diferencial; nos anos 1990, era exigido que os profissionais tivessem curso superior, domínio do idioma inglês e conhecimentos de informática básica; já nos anos 2000, os melhores cargos exigiam nível superior em instituição de ensino de primeira linha, domínio do inglês e um terceiro idioma, além dos conhecimentos de informática. Com o passar dos anos, o mercado tende a se tornar cada vez mais exigente.

Entretanto, no século XXI ainda existem diferentes cenários e exigências. Existem oportunidades que exigem mais baixo nível de escolaridade, como: pedreiro, ferramenteiro; enquanto em setores operacionais, conhecimentos do ensino técnico são muito requisitados, como por exemplo: técnico de segurança do trabalho, técnico em enfermagem etc., ao passo que em algumas vagas de profissões regulamentadas são necessárias graduações e especializações, como: contador, economista, dentista; nas áreas acadêmicas são requisitados profissionais com pós-graduação, MBA, mestrado, doutorado e pós-doutorado (exemplo: professores universitários, pesquisadores etc.). Observe que em cada tipo de mercado exige-se um tipo de formação.

Os trabalhos tornam-se cada vez mais complexos exigindo um mais elevado grau de formação dos profissionais. Por exemplo: antigamente, para trabalhar no campo, bastava dominar as técnicas do trabalho manual. Hoje em dia, grandes máquinas computadorizadas tomaram conta do campo e os operadores dessas máquinas precisam ter conhecimentos mais especializados de automação.

Como você não quer ficar de fora das oportunidades que o mundo vem oferecendo, pode assumir uma postura protagonista e se reposicionar.

6.6 Crie um ambiente favorável ao sucesso: sua carreira está em suas mãos!

Certa vez um professor disse: "O destino de uma empresa, geralmente, está nas mãos de poucos administradores, porém o destino de sua vida está em suas mãos." Colocar sua carreira em suas mãos significa plantar sementes de sabedoria para colher bons frutos. Mas como fazer isso? Veja a seguir algumas orientações para que você conduza o sucesso da sua carreira. Saiba que a vitória é construída por meio de atos simples de nosso cotidiano.

Algumas atitudes podem ajudá-lo a conquistar uma situação mais favorável, como a comunicação não violenta, sua postura diante dos problemas, sua forma de conviver com as pessoas ao seu redor e sua conduta com as questões propostas pela vida.

Para quem está trabalhando, sugerimos o hábito de circular por outros departamentos da empresa. Evite ficar isolado em seu setor; converse, apresente-se, ajude, busque informações e compartilhe seus conhecimentos, ajude seus colegas, tenha atitudes gentis e nunca esqueça de agradecer as contribuições recebidas.

Crie um ambiente favorável em seu trabalho, trabalhe em equipe, pratique a empatia, elogie e seja educado. Observe a Figura 6.5.

O trabalho é a arte de servir. Quando servimos bem à sociedade em que vivemos,

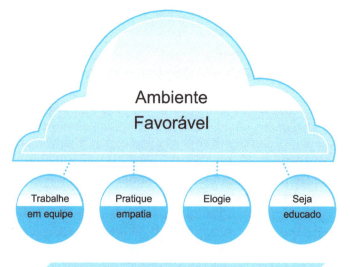

Figura 6.5 - Simetria do ambiente favorável.

somos reconhecidos. Dar bons exemplos, comprometer-se com projetos sociais, ecológicos, ter espírito de democracia favorecem seu progresso pessoal e profissional. Hoje, as empresas preferem profissionais comprometidos com a sustentabilidade, com o voluntariado e com a vida. Essas atitudes ampliam horizontes e criam um ambiente favorável.

O saldo de sua vida deve ser composto por pequenas conquistas. O somatório delas refletirá suas realizações no mundo.

A sua empregabilidade dependerá da atenção que você oferecer adequadamente às pessoas e ao seu trabalho. Busque sempre novos conhecimentos, conheça novas tecnologias, participe de eventos e leia bastante. Observe a Figura 6.6.

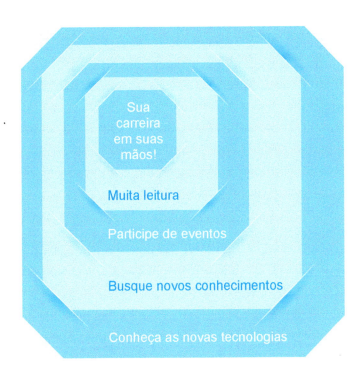

Figura 6.6 - Controle da carreira.

Cultivar relacionamentos é uma forma de manter a carreira em suas mãos e não ser pego desprevenido em situações de crise de mercado. De quanto em quanto tempo você procura as pessoas de sua rede de relacionamentos? Lembra-se do aniversário delas e eventos importantes para elas? Guarda cartões e lembranças boas? Você cuida da sua memória? Participa de encontros em associações, entidades, sindicatos, conselhos, reuniões de eventos, reuniões de condomínio, partidos políticos ou entidades religiosas? Em síntese, você cuida de seus relacionamentos?

Como exercício, responda as perguntas propostas no Quadro 6.2 a seguir.

Quadro 6.2 - Quadro de percepção

Situação	Respostas
Nome de um profissional que admira.	
Qual o ponto alto da carreira desse profissional?	
Cite outra qualidade desse profissional.	
Por que você se identifica com ele?	
Você tem as qualidades desse profissional que admira? Por quê?	
De que forma esse profissional trabalhou seu marketing pessoal?	
Você o considera feliz? Por quê?	
Você é feliz? Por quê?	
Você gostaria de ter algumas características desse profissional de sucesso? Aponte uma em que você possa trabalhar em sua carreira.	

Vale lembrar: quantas vezes você escreve, telefona, visita, envia um e-mail ou uma mensagem, compartilha informações, participa de fóruns ou se comunica com sua rede de relacionamentos? De vez em quando? Será que essas pessoas ainda se lembram de você? Fique atento! Não desperdice suas chances de constituir sua rede de contatos. Veja as dicas que passamos no Capítulo 3 sobre networking.

Na dinâmica do trabalho, fica claro que as cobranças profissionais ocorrem sob cinco bases, como mostra a Figura 6.7.

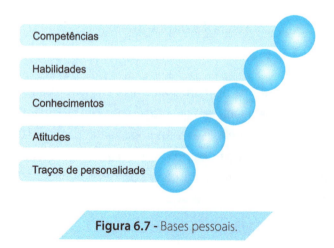

Figura 6.7 - Bases pessoais.

> **FIQUE DE OLHO!**
>
> Para que o ambiente de trabalho seja estimulante, produtivo, diversificado e atraente, várias empresas adotam códigos de ética internos, que respeitam as diferenças individuais e coletivas. São promovidas ações que preservam a dignidade e reprimem as diversas formas de discriminação. A cortesia, a consideração e o respeito mútuo contribuem para a preservação da boa imagem profissional.

6.7 Modelagem do posicionamento profissional

Tendo como referência todos os conteúdos apresentados neste capítulo, o passo seguinte é organizar todos os apontamentos de acordo com a sua carreira. Para isso, sugerimos estruturar alguns elementos utilizando o Canvas You, também conhecido como Canvas Pessoal.

Essa ferramenta foi apresentada no livro *Business Model You: O Modelo de Negócios Pessoal*, escrito por Tim Clark em colaboração com Alexander Osterwalder e Yves Pigneur. De acordo com a sinopse do livro, esse modelo "introduziu uma maneira visual única para resumir e criativamente debater qualquer negócio ou ideia de produto em uma única folha de papel".

Em seu texto, Clark afirma que a carreira de um profissional deve estar alinhada a nove questões centrais, que estão associadas a nove elementos. Observe o Quadro 6.3 para entender.

Quadro 6.3 - Canvas Pessoal

Questões Centrais	Elementos Essenciais
1. Quem é você e o que você possui?	Recursos-chave
2. O que você faz?	Atividades-chave
3. Quem você ajuda?	Clientes
4. Como você os ajuda?	Proposta de valor
5. Como chegam até você e como você entrega?	Canais
6. Como vocês interagem?	Relacionamento com clientes
7. Quem ajuda você?	Parcerias-chave
8. O que você ganha?	Receitas e benefícios
9. O que você oferece?	Custos

Esses elementos e questões estão organizados no quadro Canvas You, proposto por Clark (2013, p. 55). Observe a Figura 6.8.

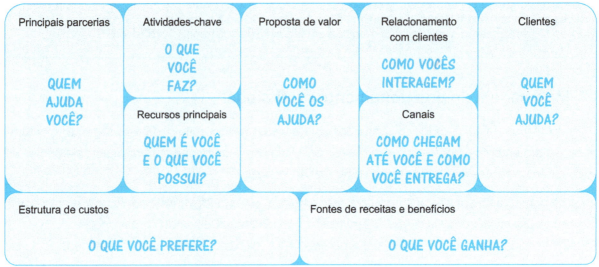

Figura 6.8 - Modelo de CANVAS YOU.

O preenchimento do CANVAS YOU deve ser realizado conforme a ordem apresentada, de forma que cada item se relacione entre si. De preferência, você deve preencher utilizando post-its, pois permite uma visualização lúdica e dinâmica. Antes de preencher cada quadro, responda ao roteiro sugerido a seguir.

Recursos-chave: Quem é você e o que você possui?

Seus recursos-chave devem responder:

- Quem é você?
- Quais são os seus interesses?
- Quais são as suas habilidades e competências?
- Como é a sua personalidade?

FIQUE DE OLHO!

Uma das formas de conhecermos quem somos é por meio do entendimento de nossa personalidade. Quer conhecer uma dica para conhecer sua personalidade? Faça o teste gratuito no link <https://www.16personalities.com/br>.)

- Quais são os seus conhecimentos, suas experiências, seus contatos pessoais e profissionais, além de outros recursos tangíveis e intangíveis?
- Quais são suas habilidades naturais? Isto é, quais são seus talentos inatos? O que você faz naturalmente, sem esforço? Por exemplo, raciocínio espacial, facilitação de grupos e aptidão mecânica.
- As habilidades podem ser classificadas em aprendidas ou adquiridas. Por exemplo, enfermagem, análise financeira e construção civil.

▶ Quais bens úteis de propriedades tangíveis você possui e disponibiliza para o trabalho? Por exemplo, carro, ferramentas, roupas, dinheiro etc.

Atividades-chave: O que você faz?

▶ Liste as atividades críticas que você executa regularmente no trabalho.

▶ Liste as atividades mais importantes que distinguem seu trabalho dos outros.

▶ Se você não estiver trabalhando, responda o que você sabe fazer.

Clientes: Quem você ajuda?

▶ Os clientes incluem as pessoas na sua organização que dependem da sua ajuda para conseguir realizar a tarefa, incluindo seu chefe.

▶ Quem depende de você ou se beneficia do seu trabalho? Escreva o nome dessas pessoas.

▶ A quem você se reporta? Escreva o nome do seu chefe imediato.

▶ Com quem você se relaciona? Escreva os nomes das pessoas.

Proposta de valor: Como você os ajuda?

▶ Que trabalho o cliente contratou você para executar?

▶ Que benefícios o cliente está recebendo como resultado desse (do seu) trabalho?

▶ Como as atividades-chave resultam em uma proposta de valor para os clientes?

Canais: Como os clientes chegam até você e como você entrega?

▶ Você deve definir como comunica o seu modo de ajudar.

▶ Como os clientes potenciais descobrem de que forma você pode ajudá-los?

▶ Como eles vão decidir comprar de você?

▶ Como eles comprarão?

▶ Como você vai entregar o que os clientes compraram?

▶ Como você vai garantir que os clientes estejam satisfeitos?

▶ Como você oferta a sua ajuda?

Relacionamento com clientes: Como você interage com os clientes?

▶ Quais formas de relacionamento você utiliza? Contato pessoal, reuniões, e-mails, telefone, visitas presenciais? O objetivo é sempre focar na satisfação do cliente.

Parcerias-chave: Quem ajuda você?

▶ Liste suas parcerias atuais.

▶ Quem o apoia como profissional e o ajuda a realizar o trabalho com sucesso?

▶ Quem oferece conselhos, estímulos ou oportunidades de crescimento?

▶ Quem oferece recursos para realizar bem seu trabalho?

Receitas e benefícios: O que você ganha?

- Liste seus principais ganhos e suas receitas. Inclua salário, benefícios, adicionais, diárias etc.
- Liste os benefícios intangíveis, como reconhecimento, satisfação, contribuição social.

Custos: O que você oferece?

Apesar de você ganhar com seu trabalho, muitas vezes oferece muitos benefícios (como tempo, energia e dinheiro) e outros recursos (como investimentos em treinamentos, despesas de deslocamento, veículos, vestuário, internet, custos intangíveis, estresse, insatisfação). Liste tudo o que você considera ser uma oferta sua para o trabalho.

Após preencher o CANVAS YOU, discuta suas anotações com pessoas da sua confiança e valide o que você colocou no seu quadro. Essa é uma ótima forma de comprovar a sua reflexão e o seu posicionamento. Em seguida, elabore um plano de ação que contenha todas as atividades que você precisa, colocar em prática tirar as ideias do papel e torná-las realidade.

Para Tim Clark (2013), uma carreira deve reunir:

- os interesses profissionais para que a motivação seja constante;
- as habilidades e as competências para que o profissional possa utilizar o que tem de melhor;
- a personalidade para que possa fazer seu trabalho com paixão e satisfação.

Observe a Figura 6.9.

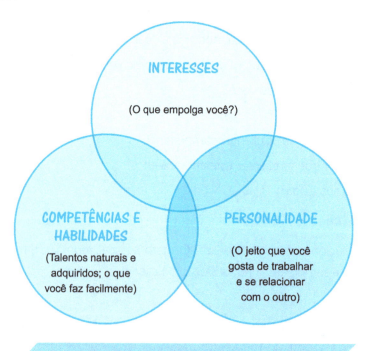

Figura 6.9 - Integração das variáveis de uma carreira.

Para fazer um plano de trabalho, é essencial que o profissional tenha autoconhecimento, pois somente conhecendo a si mesmo é possível identificar o trabalho que lhe traga prazer e satisfação.

O trabalho dos nossos sonhos está diretamente relacionado ao autoconhecimento, pois escolheremos o que nos faz sentir bem. Logo, o trabalho constitui-se como uma obra de arte, parte integrante de nossas vidas.

VAMOS RECAPITULAR?

Dar bons exemplos, estar comprometido com projetos sociais, ecológicos, e desenvolver o senso crítico da democracia desenvolvem o seu progresso pessoal e profissional. O mercado de trabalho busca profissionais comprometidos com a sustentabilidade, com o voluntariado e com a vida sob todas as formas.

Novas e boas posturas são necessárias para o sucesso profissional, dentre elas evitar expressões repetitivas, evitar jargões ou gírias, cuidado com os preconceitos, cuidado com palavras que denotam palavras carinhosas, diminutivas ou que transmitam insegurança.

O bom profissional precisa demonstrar credibilidade, transparência, articulação, estímulo ao trabalho em grupo, compromisso, educação e responsabilidade, ser rígido com os problemas e flexível com as pessoas e comprometer-se com sua melhoria contínua.

Todas essas características favorecem a construção de uma marca profissional positiva, um ambiente favorável de trabalho, além do desenvolvimento profissional de forma continuada. Também mencionamos que não existe um tempo correto para iniciar o planejamento da carreira, mas o quanto antes é melhor, pois fica mais fácil nos adaptarmos aos diferentes momentos profissionais e pessoais. Dessa forma, podemos até afirmar que um plano de carreira nunca estará pronto.

Para planejar a carreira, além de discutirmos as variáveis que compõem sua estrutura, apresentamos alguns instrumentos que podem auxiliar nessa organização, tais como o Gráfico de Realizações e o Canvas Pessoal.

AGORA É COM VOCÊ!

1. Com base no conteúdo apresentado neste capítulo, existe tempo certo para planejar a carreira? Qual é a sua opinião a respeito desse assunto? Justifique sua resposta.

2. Podemos perceber que é possível trabalhar para termos a carreira que desejamos e queremos. Para ter sua carreira em suas mãos, o que é necessário?

3. Trabalhar em ambientes saudáveis é considerado uma das melhores formas de obter bons resultados. Cite três aspectos que você considera essenciais para ter um clima favorável no ambiente de trabalho. Justifique sua resposta.

4. Elabore o seu Canvas Pessoal e apresente para os demais colegas da sala de aula.

7

TRABALHO, EMPREGO E EMPREENDEDORISMO

PARA COMEÇAR

Neste capítulo, apresentaremos diferentes opções para o exercício profissional seja por meio do trabalho, do emprego ou pela postura empreendedora empresarial. Para isso, repassaremos alguns aspectos do trabalho formal no mundo do trabalho tendo como referência a legislação brasileira. Estudaremos conceitos de pessoa física, pessoa jurídica, trabalhador autônomo, além das questões legais, benefícios, direitos e deveres do trabalhador formal. Abordaremos os tipos e as modalidades de empresas para os profissionais que desejam uma carreira que não seja baseada no emprego e no trabalho autônomo.

O perfil do trabalhador tem mudado cada vez mais. Isso quer dizer que as pessoas estão buscando autonomia e que querem fazer suas próprias escolhas, sendo protagonista da própria história pessoal e profissional.

Esse profissional tem buscado e criado suas próprias oportunidades, seja trabalhando em uma empresa da iniciativa privada, empreendendo seu próprio negócio, ou optando por atuar como profissional autônomo ou liberal.

É nesse contexto que organizamos as informações deste capítulo.

7.1 Diferenças entre Pessoa Física, Pessoa Jurídica e trabalhador autônomo

É comum as pessoas se perguntarem: o que distingue uma Pessoa Física de uma Pessoa Jurídica? Elas têm as mesmas obrigações? Usufruem dos mesmos direitos? E ser profissional autônomo é uma boa escolha? Vamos esclarecer essas dúvidas respondendo-as a seguir.

7.1.1 O que é Pessoa Física (PF)?

Pessoa Física é a pessoa, o indivíduo, o cidadão. Toda pessoa que nasce no Brasil é considerada uma pessoa física. Ao longo da vida, essa pessoa passa por formalizações desde que nasce, por meio da certidão de nascimento, carteira de identidade (também conhecida como Registro Geral ou RG), cadastro da pessoa física (CPF). Em todas as situações, temos cadastros que nos vinculam a organismos públicos e privados, e que nos identificam individualmente.

//// AMPLIE SEUS CONHECIMENTOS

Você sabia que o número do CPF é resultado de um cálculo matemático validado a partir do dígito verificador? Você sabia que os bons sistemas informatizados não permitem que você digite um CPF errado porque validam automaticamente o dígito verificador? Dígito verificador é o número que aparece depois do hífen. Faça uma pesquisa na internet e conheça a fórmula de cálculo do CPF. Para saber mais, visite o site da Receita Federal: <http://www.receita.fazenda.gov.br>.

7.1.2 O que é Pessoa Jurídica (PJ)?

De acordo com Tajra (2014), toda e qualquer empresa formalmente constituída é uma Pessoa Jurídica. Ela possui um contrato social entre as pessoas que se uniram para formar uma empresa, independentemente da modalidade, e obtiveram um Cadastro Nacional da Pessoa Jurídica (CNPJ). Por meio do CNPJ, são controladas todas as atividades de uma organização para efeito das obrigações tributárias. A Secretaria da Receita Federal do Brasil (RFB) é o organismo público responsável por realizar toda a administração dos cadastros dos CNPJs das empresas e dos CPFs das Pessoas Físicas no Brasil.

7.1.3 O que são os profissionais autônomos e liberais?

De acordo com Tajra (2014), profissional autônomo e liberal são pessoas físicas que trabalham por conta própria, em sua residência ou não, sem ter vínculos empregatícios com qualquer tipo de empresa. Muitas vezes esses termos são utilizados como se fossem sinônimos, mas não são.

O profissional autônomo está relacionado a qualquer atividade desenvolvida, seja em função de uma habilidade intelectual, manual ou técnica, enquanto o profissional liberal está relacionado a alguma profissão regulamentada por órgãos de classe, como engenheiros, dentistas, médicos, advogados, psicólogos, fisioterapeutas, entre outros. Esses profissionais necessitam estar registrados nos seus órgãos de classe para que possam desenvolver suas atividades.

Muitas vezes os profissionais liberais contratam pessoas para trabalhar como apoio a suas atividades, como as secretárias de médicos e dentistas. Geralmente, esses profissionais possuem formação de nível superior ou de nível técnico. Os profissionais autônomos e liberais precisam se inscrever na prefeitura local e obter seu registro para atuar de forma regular no mercado, cabendo a eles o recolhimento de suas obrigações legais.

7.2 O que é trabalho?

A palavra "trabalho" foi definida de inúmeras formas ao longo do tempo. O trabalho é o esforço feito por indivíduos ou grupos de pessoas com a intenção de atingir um objetivo. Com o decorrer da história, o homem se organizou de diversas formas, com estilos de organização que variavam no tempo.

Quando se trata de uma concepção mais complexa, o trabalho é considerado parte de um processo social maior.

O filósofo grego Aristóteles (384 a.C.-322 a.C.) acreditava que o trabalho agradava aos deuses, pois transformava os homens em seres independentes e afamados, conforme descrito em sua obra Órganon. Para o filósofo e historiador alemão Karl Marx (1818-1883) e o teórico alemão Friedrich Engels (1820-1895), trabalho é um elemento que define o próprio ser.

Na modernidade, o trabalho tem sido objeto de reflexão das ciências sociais e econômicas. Atualmente, o emprego, o trabalho assalariado, o contrato de prestação de serviços, o trabalho autônomo e outras formas de ocupação determinam um novo conceito de remuneração e trabalho.

O homem utiliza a ocupação profissional para indicar quem ele é, constituindo parte da sua identidade. Para economistas, o trabalho é medido por horas dedicadas a uma determinada tarefa, com remuneração (salário e benefícios) e eficiência de resultados alcançados.

A seguir, apresentaremos como se constitui o trabalho formal, conforme a legislação brasileira. Assim, você conhecerá seus direitos e deveres.

7.3 Questões legais do trabalho formal: direitos e deveres

Neste tópico, apresentaremos informações sobre o que é a carteira de trabalho e sua utilidade, como entender a jornada de trabalho, como se constitui o banco de horas e horas extras, o que faz parte dos pagamentos adicionais, o que constitui os salários, como são definidas as férias, entre outras informações relacionadas à legislação do trabalho formal.

7.3.1 O que é a carteira de trabalho e qual é a sua utilidade?

A Carteira de Trabalho e Previdência Social (CTPS) é um documento obrigatório, exigido no Brasil, para pessoas físicas que mantêm vínculo empregatício com uma empresa.

Em 2019, o Ministério da Economia propôs a substituição da CTPS pela Carteira de Trabalho Digital, cujo intuito é modernizar o acesso às informações. Para ter acesso ao documento, basta baixar o aplicativo gratuitamente em lojas virtuais (Apple Store para iPhones; Play Store para Android) ou link <https://servicos.mte.gov.br/>.

A CTPS é uma comprovação formal da relação empregatícia entre o empregado e o empregador. Esse é um dos únicos documentos a reproduzir, comprovar e esclarecer dados sobre a vida laboral do trabalhador. Contém todas as informações admissionais, alterações de cargos e salário durante a vida profissional formal.

Figura 7.1 - Carteira de Trabalho e Previdência Social (CTPS) utilizada no Brasil.

Figura 7.2 - Carteira de Trabalho Digital.

7.3.2 O que é uma jornada de trabalho?

A jornada de trabalho mais comum no Brasil é de 44 horas semanais, sendo descontados os períodos de descanso. Existem jornadas diferenciadas, estabelecidas em convenções coletivas de trabalho e acordadas entre sindicatos de patrões e empregados. Algumas atividades, pelo grau de risco, insalubridade ou exigência física e intelectual, podem ter jornadas e escalas alternativas.

A jornada de trabalho pode ser prorrogada em até duas horas (desde que não se torne uma constante na vida do trabalhador), exceto em casos de força maior ou imperiosa necessidade.

7.3.3 Qual é o valor da hora extra?

A Constituição brasileira determina que a hora de trabalho será acrescida em 50%, ou conforme acordado na convenção coletiva da categoria, em caso de hora extra de segunda-feira aos sábados. Se a hora extra for aos domingos e feriados, o acréscimo é de 100% a cada hora trabalhada. Podem ocorrer variações sobre esses percentuais conforme as diferentes convenções coletivas dos trabalhadores.

7.3.4 O que é banco de horas ou compensação de horas extras?

Banco de horas ou compensação de horas extras ocorre quando o trabalhador e a empresa entram em um acordo, com autorização da Delegacia Regional do Trabalho, para trocar horas extras trabalhadas por folgas.

7.3.5 Pagamentos adicionais

A natureza dos pagamentos adicionais não tem característica indenizatória (pagamentos por danos), mas é uma remuneração pela peculiaridade do risco, aumento de horas trabalhadas ou exposição funcional.

a. Adicional de periculosidade: o que é e quem tem direito?

O adicional de periculosidade estabelecido pela legislação trabalhista brasileira é de 30% sobre o salário devido, quando o trabalhador atua em atividades permanentes que envolvem perigo, como produtos inflamáveis, explosivos, energia elétrica, ou risco acentuado (por exemplo, quem trabalha em plataformas de petróleo ou extração de minérios).

b. Adicional de insalubridade: o que é e quem tem direito?

De acordo com a Consolidação das Leis do Trabalho (CLT), o adicional de insalubridade é devido aos profissionais que estejam expostos a agentes nocivos à saúde, acima dos limites normais de tolerância. Em termos laborais, significa estar em ambiente de trabalho hostil à saúde, com presença de agente agressivo ao organismo do trabalhador. O adicional de insalubridade corresponde a 10% para risco mínimo, 20% para risco médio e 40% para risco extremo. Na maioria das vezes, é aplicado sobre o salário mínimo, mas algumas empresas pagam sobre o salário percebido pelo empregado.

c. Adicional noturno: o que é e quem tem direito?

É a jornada de trabalho noturna, compreendida entre o período de 22 horas e 5 horas da manhã para trabalhadores urbanos. A porcentagem adicional estabelecida em lei é de 20%, podendo ser diferente conforme a convenção coletiva da categoria profissional.

7.3.6 O que é salário? O que é remuneração?

Salário é a importância paga ao trabalhador pelo trabalho realizado. A remuneração é a soma do salário contratualmente estipulado (mensal, por hora, por tarefa etc.) com outras vantagens percebidas na vigência do contrato de trabalho (horas extras, adicional noturno, insalubridade, comissões, periculosidade, percentagens, gratificações, diárias para viagem e outros).

Existe um valor mínimo que deve ser pago ao funcionário, respeitando o salário mínimo nacional, o salário mínimo do estado e/ou o piso da categoria profissional, acordado em convenções coletivas de trabalho, conforme determinam as leis trabalhistas brasileiras. Os salários podem ser pagos:

- Por tempo de trabalho: o valor é fixo.
- Por produção: é variável e depende exclusivamente do que o funcionário produz.
- Por tarefa (comissão) – misto: o funcionário recebe um valor fixo + um valor por comissão (no caso de vendedores de lojas, por exemplo).

A remuneração é gênero; o salário é a espécie desse gênero. A palavra remuneração passou a indicar a totalidade dos ganhos do empregado, pagos diretamente ou não pelo empregador.

A remuneração serve como base para cálculo de férias, 13º salário, rescisões, entre outros. É composta de:

- comissões;

- horas extras;
- gratificação (a partir da segunda gratificação);
- prêmios – desde que habituais, como anuênios, biênios, triênios;
- prêmios de assiduidade;
- quebra de caixa;
- descanso semanal remunerado (DSR);
- ajuda de custo habitual;
- gorjetas;
- abonos habituais;
- salário *in natura* – fornecimento habitual de qualquer vantagem concedida ao empregado (aluguel de casa, carros, escola de filhos etc.);
- adicional noturno;
- salário-família;
- adicional de insalubridade ou periculosidade.

a. Salário mínimo nacional e salário mínimo estadual

O salário mínimo nacional está previsto na Constituição de 1988, estabelecido pelo Governo Federal, a partir de 2020 passou a ser de competência do Ministério da Economia. Os novos valores são corrigidos pelo INPC, sem aumento real. O salário mínimo estadual tem valores diferenciados de acordo com o custo de vida mais elevado de cada estado, um exemplo disso é o salário mínimo paulista.

b. 13º salário: quem tem direito e como funciona?

Estabelecido no Brasil pela Lei n. 4.090, de 13 de julho de 1962, o 13º salário, ou gratificação de Natal, dá ao trabalhador o direito de receber o correspondente a 1/12 da remuneração por mês trabalhado. Todo trabalhador assalariado com CTPS, aposentados, pensionistas e servidores têm direito a essa gratificação.

A gratificação de Natal deve ser paga em duas parcelas. A lei determina que a primeira parcela seja paga entre 1º de fevereiro e 30 de novembro; a segunda parcela precisa ser paga até 20 de dezembro.

Ao fim do contrato de trabalho, todos os trabalhadores têm o direito a essa gratificação, que é paga em valor proporcional aos meses trabalhados naquele ano. A exceção são os empregados dispensados por justa causa.

c. Salário-família

É um benefício pago pela Previdência Social (INSS) aos trabalhadores com salário mensal de até R$ R$1.425,56 (ano de 2020), para auxiliar no sustento dos filhos de até 14 anos incompletos ou inválidos. O valor é de R$ 48,62 por filho.

Conforme à Portaria n. 914, de 13 de janeiro de 2020, do Ministério da Economia/Secretaria Especial de Previdência e Trabalho, publicada em 14 de janeiro de 2020:

> Art. 4º O valor da cota do salário-família por filho ou equiparado de qualquer condição, até 14 (quatorze) anos de idade, ou inválido de qualquer idade, a partir de 1º de janeiro de 2020, é de R$ 48,62 (quarenta e oito reais e sessenta e dois centavos) para o segurado com remuneração mensal não superior a R$ 1.425,56 (um mil, quatrocentos e vinte e cinco reais e cinquenta e seis centavos).

Em 2019, foi publicada a Emenda Constitucional n. 103/2019, que alterou o sistema de Previdência Social e determinou novas regras, como um valor único para o pagamento do salário-família. Antes havia duas faixas sem um valor-base fixado.

Em alteração, houve mudança nas regras para permanecer com o benefício:

▸ dependentes de até 6 anos de idade devem estar com a caderneta de vacinação ou equivalente em dia;

▸ frequência escolar dos dependentes de 7 a 14 anos. As crianças devem estar devidamente matriculadas e frequentando as aulas.

> **LEMBRE-SE**
>
> O salário-família sofre reajuste anual no mês de janeiro.

7.3.7 Descanso (férias e folgas)

As férias e as folgas são previstas em lei brasileira.

a. Descanso Semanal Remunerado (DSR)

Conforme o art. 67 da CLT:

> será assegurado a todo empregado um descanso semanal de 24 (vinte e quatro) horas consecutivas, o qual, salvo motivo de conveniência pública ou necessidade imperiosa do serviço, deverá coincidir com o domingo, no todo ou em parte.
>
> Parágrafo único. Nos serviços que exijam trabalho aos domingos, com exceção quanto aos elencos teatrais, será estabelecida escala de revezamento, mensalmente organizada e constando no quadro sujeito à fiscalização.

b. Descanso obrigatório

O art. 71 da CLT define como obrigatório o descanso de no mínimo uma hora para todo e qualquer trabalho contínuo cuja duração exceda as 6 horas.

c. Quando um funcionário tem direito a férias?

Após 12 meses de trabalho, o empregado passa a ter o direito a férias, que podem ser concedidas pela empresa até o prazo máximo de 11 meses posteriores ao vencimento (férias vencidas). O comunicado do gozo de férias é feito ao funcionário com 30 dias de antecedência.

d. Qual é a duração das férias?

De acordo com o art. 130 da CLT, após cada 12 meses de vigência do contrato de trabalho, o empregado tem direito a férias na seguinte proporção:

I – 30 (trinta) dias corridos, quando não houver faltado ao serviço mais de 5 (cinco) vezes;

– 24 (vinte e quatro) dias corridos, quando houver tido de 6 (seis) a 14 (quatorze) faltas;

– 18 (dezoito) dias corridos, quando houver tido de 15 (quinze) a 23 (vinte e três) faltas;

– 12 (doze) dias corridos, quando houver tido de 24 (vinte e quatro) a 32 (trinta e duas) faltas.

O pagamento das férias ocorre em até dois dias úteis antes do início fixado pelo empregador.

A Reforma Trabalhista alterou as regras para o período de férias. A Lei n. 13.467, de 13 de julho de 2017, tornou as regras mais flexíveis, a fim de adaptar a legislação às novas regras do mercado de trabalho. Entre as modificações estão:

Art. 134 [...]

§ 1º Desde que haja CONCORDÂNCIA DO EMPREGADO, as férias poderão ser usufruídas em até três períodos, sendo que um deles não poderá ser inferior a quatorze dias corridos e os demais não poderão ser inferiores a cinco dias corridos, cada um.

§ 2º [...]

§ 3º É vedado o início das férias no período de dois dias que antecede feriado ou dia de repouso semanal remunerado.

Antes, a CLT indicava que trabalhadores com menos de 18 anos e mais de 50 anos eram obrigados a tirar 30 dias de férias em um único período. A nova regra permite parcelamento de férias em até 3 períodos, conforme o art. 134, § 1º. Essa combinação pode ocorrer desde que as partes fiquem satisfeitas com o acordo, não sendo permitido coação nem violação dos direitos do trabalhador.

Caso o empregado não seja liberado após 11 meses seguidos aos 12 meses já trabalhados, a empresa pagará em dobro as remunerações previstas.

e. O que é abono de férias?

O abono de férias é a conversão parcial em dinheiro de 1/3 da remuneração dos dias correspondentes ao gozo de férias. O trabalhador recebe adiantado o valor de sua remuneração acrescido de mais 1/3 denominado abono de férias.

Existe também a possibilidade de o trabalhador vender parte das férias, denominado abono pecuniário de férias, que consiste na venda de 10 dias do período de férias, ou seja, dos 30 dias de férias, ele irá descansar 20 dias e trabalhar os 10 dias que vendeu, com recebimento normal destes dias trabalhados com acréscimo de 1/3 sobre a remuneração, denominado abono pecuniário.

f. O que são férias coletivas?

São períodos de férias não inferiores a 10 dias estipulados pela empresa, que podem ser concedidas a todos os funcionários, desde que haja comunicação à Delegacia Regional do Trabalho (DRT) e ao sindicato da categoria.

7.3.8 O que acontece se o trabalhador falta ao trabalho?

A *Consolidação das Leis do Trabalho* rege as normas e obrigações trabalhistas no Brasil. De acordo com o art. 473 da CLT, os trabalhadores celetistas têm direito a faltas sem desconto no salário nos seguintes eventos:

a. Faltas abonadas

1. O art. 473 do Decreto-lei n. 5.452/43, (redação dada pelo Decreto-lei n. 229, de 28/02/1967) diz que terá direito de até 2 (dois) dias consecutivos, em caso de falecimento do cônjuge, ascendente (pais e avós), descendente (filhos e netos), irmão ou pessoa que, declarada em sua carteira de trabalho, viva sob sua dependência econômica;

2. O art. 473 permite que seja abonado até 3 (três) dias consecutivos para casamento do trabalhador;

3. Para o pai, de 1 (um) dia em caso de nascimento de filho no decorrer da primeira semana; há em várias convenções coletivas prazos diferentes, de 5 dias a uma semana para o nascimento de filhos;

4. De acordo com o inciso incluído no Decreto-lei n. 229, de 28/02/1967, o trabalhador tem direito de abonar 1 (um) dia, em cada 12 (doze) meses de trabalho, em caso de doação voluntária de sangue devidamente comprovada;

5. De acordo com a respectiva Lei, terá direito de até 2 (dois) dias consecutivos ou não, para se alistar como eleitor;

6. No período de tempo em que tiver de cumprir as exigências do serviço militar (comparecimento anual obrigatório, para apresentação da reserva ou em cerimônias cívicas) incluído pelo Decreto--lei n. 757, de 12/08/1969.

7. Abonado para dias em que fará provas de exame de vestibular para ingresso em escolas de ensino superior, previsto na Lei n. 9.471, de 14.07.1997.

8. Pelo tempo que se fizer necessário quando tiver que comparecer perante a Justiça como parte, testemunha ou jurado; incluído pela Lei n. 9.853, de 27/10/1999.

9. Incluído pela Lei n. 11.304, de 2006, sobre o tempo que se fizer necessário quando, como representante de entidade sindical, estiver participando de reunião oficial de organismo internacional do qual o Brasil seja membro.

10. Por até dois dias no caso de acompanhamento de esposa ou companheira durante exames e consultas médicas, incluído pela Lei n. 13.257, de 2016;

11. Para acompanhamento de filho de até 6 anos, em consulta médica, direito de um dia por ano. Incluído pela Lei n. 13.257, de 2016.

12. Por até 3 dias, a cada 12 meses de trabalho, em realização de exames preventivos de câncer, instituído pela Lei n. 13.767, de 2018.

b. Faltas injustificadas e desconto

Em caso de falta injustificada pelo empregado durante a semana anterior ou por não cumprimento da jornada de trabalho, a remuneração relativa ao Descanso Semanal Remunerado (DSR) não será paga. Os requisitos para a concessão do DSR, como assiduidade e pontualidade, são aplicados a todos os empregados, sob a pena de ferir o princípio da igualdade. Salvo disposições em contrato, o empregador pode adotar ou não o desconto do DSR.

7.3.9 Danos e demissões

Danos são violações de direitos da personalidade, como integridade física e mental, honra etc.

Demissões ocorrem no momento de encerramento de um contrato de trabalho. Pode ser feita pelo empregador ou a pedido do colaborador.

a. Quais são os direitos de um funcionário demitido?

Se a dispensa for feita pelo empregador sem justa causa, o funcionário terá direito a receber:

- aviso prévio trabalhado ou indenizado;
- 13º salário proporcional;
- férias vencidas e/ou férias proporcionais;
- Fundo de Garantia do Tempo de Serviço (FGTS) de 8% sobre todas as verbas rescisórias;
- multa de 40% de FGTS.

Em caso de aviso prévio indenizado, o prazo de pagamento é de 10 dias ou até o primeiro dia útil subsequente ao término do aviso trabalhado.

Em caso de pedido de demissão por parte do funcionário, ele terá o direito a:

- saldo de salário;
- 13º salário proporcional;
- férias vencidas;
- férias proporcionais.

Em caso de dispensa por justa causa, o funcionário terá direito a:

- saldo de salário;
- 13º salário proporcional;
- férias vencidas;
- férias proporcionais.

b. Quando se pode demitir um funcionário por justa causa?

A CLT estabelece as seguintes situações:

- ato de improbidade, isto é, atentado contra o patrimônio do empregador (por exemplo, furtar algo da empresa);
- desídia no desempenho das funções, como falta de interesse, comparecimento impontual, ausências e produção imperfeita;

- incontinência de conduta ou mau procedimento (conduta negativa do trabalhador, que vá contra os bons costumes);
- negociação habitual por conta própria ou alheia, sem permissão do empregador, ou quando constituir ato de concorrência à empresa, inclusive gerando prejuízo ao empregador;
- condenação criminal, caso não tenha havido suspensão da execução da pena;
- embriaguez habitual ou em serviço;
- abandono de emprego;
- violação de segredo da empresa;
- ato de indisciplina ou de insubordinação;
- ato lesivo à honra ou à forma praticada em serviço contra qualquer pessoa ou ofensas físicas nas mesmas condições, com exceção de legítima defesa;
- ato lesivo à honra, à boa forma ou às ofensas físicas praticadas contra o empregador, salvo legítima defesa;
- prática de jogos de azar.

c. Qual é o tempo que o empregado tem para pleitear seus direitos após a rescisão do contrato de trabalho?

Todo empregado tem até dois anos após desligar-se da empresa para pleitear:

- qualquer valor pago a menos;
- conversão do pedido de demissão com justa causa em dispensa sem justa causa, conforme ato lesivo comprovado e que atenda aos defesos por lei.

d. Demissão por acordo é amparado pela nova Reforma Administrativa?

Sim. De acordo com a Lei n. 13.467/2017, o empregado pode negociar com o empregador a sua demissão. Nesses casos, existem algumas regras:

- saque de 80% do FGTS;
- multa de 20% do saldo total do FGTS;
- não tem direito a solicitar o seguro-desemprego;
- recebe metade do valor do aviso prévio indenizado;
- 13º salário proporcional;
- férias vencidas e/ou férias proporcionais.

e. O que é dano moral?

De acordo com o Projeto de Lei n. 4.742/2001, são atos que abalam a honra, a boa-fé subjetiva ou a dignidade das pessoas. Advêm da dor e do sofrimento, e podem ocorrer em qualquer esfera da vida social e inclusive na empresa, independentemente da posição hierárquica daqueles que os cometam. O dano moral comprovado na empresa gera indenização ao funcionário com pagamento de valor monetário.

f.   O que é assédio sexual?

De acordo com o Código Penal, art. 216-A, trata-se de constranger alguém para obter favorecimento sexual, prevalecendo o agente de hierarquia superior. Não deve ser confundido com abuso sexual. É passível de crivo pela Justiça do Trabalho.

g.   As mulheres podem trabalhar em condições insalubres?

Alguns exemplos de agentes considerados insalubres incluem ruído excessivo, calor ou frio, radiação ou agentes químicos.

No caso do trabalho insalubre, não há mais diferenciação entre homens e mulheres. Sendo assim, mulheres podem trabalhar em condições insalubres, porém com restrições.

O Projeto de Lei do Senado n. 254 de 2017, restabelece a proibição do trabalho em atividades, operações ou locais insalubres para mulheres que estejam grávidas ou amamentando. Elas devem exercer as suas atividades em local apropriado. A reforma trabalhista (Lei n. 13.467, de 13 de julho 2017) permite o trabalho em condições de insalubridade moderada, mediante apresentação de atestado médico.

h.   Menores aprendizes podem trabalhar em condições insalubres?

Não. A Constituição Federal não permite trabalho insalubre para menores de idade, de ambos os sexos.

7.3.10 Benefícios

As vantagens, facilidades e conveniências que um colaborador da empresa recebe são denominadas **benefícios**, sendo financiados parcial ou totalmente pela empresa. São exemplos de benefícios: plano de saúde, convênio odontológico, creche, auxílio educação etc. Em geral, os benefícios costumam motivar o profissional em ambiente de trabalho.

a.   O que é licença-maternidade?

Licença-maternidade ou licença-gestante é um benefício pago pelo INSS à gestante em seu afastamento do trabalho, conforme o art. 7º, XVIII, da Constituição Federal.

A licença-maternidade consiste em conceder à mulher que deu à luz licença remunerada de 120 ou 180 dias, conforme a Lei n. 11.770/08, que, facultativamente, permite ampliação da licença. Um prazo maior depende do convênio entre a empresa e a Previdência Social, tendo sido homologado no acordo coletivo de trabalho da categoria profissional.

b.   Quando pode ser solicitado o auxílio-doença?

O auxílio-doença é benefício pago pelo INSS. Ele remunera o trabalhador em caso de afastamento do trabalho por motivo de doença ou acidentes (que não sejam de trabalho). Os 15 primeiros dias são pagos pelo empregador e, após esse período e com autorização da perícia médica, passa a ser pago pela Previdência Social.

De acordo com a legislação vigente, o valor a receber em caso de afastamento do trabalho pelo INSS (comum ou acidentário) é de 91% sobre a média de 80% de seus maiores salários de contribuição.

c. O que é PIS/PASEP?

De acordo com a Caixa Econômica Federal:

> PIS
>
> Por meio da Lei Complementar n. 7/1970, foi criado o Programa de Integração Social (PIS). O programa buscava a integração do empregado do setor privado com o desenvolvimento da empresa. O pagamento do PIS é de responsabilidade da Caixa.
>
> PASEP
>
> Paralelamente à criação do PIS, a Lei Complementar n. 8/1970 instituiu o Programa de Formação do Patrimônio do Servidor Público (PASEP), com o qual União, Estados, Municípios, Distrito Federal e territórios contribuíam com o fundo destinado aos empregados do setor público. O pagamento do PASEP é feito pelo Banco do Brasil.

d. O que é o seguro-desemprego?

É um benefício garantido pelo Governo Federal para dar assistência ao trabalhador em caso de desemprego. Para receber esse valor, é preciso estar de acordo com algumas regras específicas (estão excluídos, por exemplo, os trabalhadores demitidos por justa causa).

O valor das parcelas do seguro-desemprego é baseado na média dos salários dos últimos 3 meses anteriores à dispensa, não podendo ser inferior ao valor do salário mínimo. O teto do pagamento está de acordo com a tabela vigente.

O trabalhador tem direito a receber, no mínimo, três meses e, no máximo, cinco meses, desde que não arranje outro emprego com carteira assinada nesse período. Em caso de novo emprego com CTPS, o auxílio é suspenso automaticamente.

e. O que é Fundo de Garantia?

De acordo com a Lei n. 8.036, de 11 de maio de 1990, o Fundo de Garantia por Tempo de Serviço (FGTS), foi criado com o objetivo de proteger o trabalhador demitido sem justa causa, ele é um valor depositado pelas empresas em conta aberta na Caixa Econômica Federal (CEF) vinculado ao contrato de trabalho, em nome do funcionário, que recebe correção específica estabelecida pelo Governo Federal. O valor depositado é de 8% do salário de cada funcionário, com exceção do Programa Verde Amarelo, primeiro emprego que é de 2% e outras alterações estabelecidas pelo governo para incentivar a geração de emprego.

Tem direito ao FGTS, trabalhadores intermitentes, avulsos, safreiros (operadores rurais), trabalhadores domésticos, atletas profissionais e todos os trabalhadores que tenham contrato formal de trabalho regido pela CLT.

O saque é permitido na demissão sem justa causa ou em casos especiais estabelecidos pelo Governo Federal, como utilização para financiamento da casa própria; em caso de doença grave; em aposentadoria; em situações de calamidade pública, entre outros.

Houve algumas mudanças nas regras de saque imediato do FGTS, previstas na Lei n. 13.932/2019, estabelecendo novas modalidades de saques, como: saque aniversário.

7.3.11 O que é acidente de trabalho?

Conforme dispõe o art. 19 da Lei n. 8.213/91:

> acidente de trabalho é o que ocorre pelo exercício do trabalho a serviço da empresa ou pelo exercício do trabalho dos segurados referidos no inciso VII do art. 11 desta Lei, provocando lesão corporal ou perturbação funcional que cause a morte ou a perda ou redução, permanente ou temporária, da capacidade para o trabalho.

As doenças profissionais e/ou ocupacionais podem equiparar-se a acidentes de trabalho.

Os incisos do art. 20 da Lei n. 8.213/91 assim as conceituam:

> I - doença profissional, assim entendida a produzida ou desencadeada pelo exercício do trabalho peculiar a determinada atividade e constante da respectiva relação elaborada pelo Ministério do Trabalho e da Previdência Social;
>
> II - doença do trabalho, assim entendida a adquirida ou desencadeada em função de condições especiais em que o trabalho é realizado e com ele se relacione diretamente, constante da relação mencionada no inciso I.

7.3.12 Órgãos trabalhistas

a. O que é a Justiça do Trabalho?

De acordo com a definição do site do Tribunal Superior do Trabalho, a Justiça do Trabalho (TRT-TST) é o órgão que promove conciliações e julgamentos de ações judiciais entre empregados e empregadores, além de outros casos que envolvam a relação de trabalho, como questionamentos de acidente de trabalho, entre outras demandas.

Qualquer pessoa envolvida em uma relação formal de trabalho pode recorrer à Justiça do Trabalho, empregado ou patrão, na busca de recuperar eventuais prejuízos.

Existem duas formas de realizar uma reclamação trabalhista, de acordo com o TST. São elas:

> Reclamação escrita – com o auxílio de um advogado ou sindicato.
>
> Reclamação verbal – dirigindo-se a uma Vara do Trabalho, ao Setor de Atermação e Reclamação, para relatar a situação e apresentar, além de seus documentos pessoais, outros que permitam a comprovação do que foi alegado.

b. O que a Delegacia Regional do Trabalho oferece?

A Delegacia Regional do Trabalho (DRT) é um órgão público, vinculado ao Ministério do Trabalho e Emprego, que tem como principais serviços:

- emissão da CTPS (conforme a ocupação profissional, será exigida comprovação com diploma de certificação técnico-profissional);
- entrada no seguro-desemprego;
- consulta de recebimento do benefício do seguro-desemprego;
- homologações com agendamento prévio;
- análise de regularização e consulta do PIS;

▶ outras atividades atribuídas ao bom equilíbrio da relação capital-trabalho, conforme também descrito na Norma Reguladora 1 (NR-01), que dispõe sobre segurança e saúde no trabalho.

c. O que é e como funciona um processo trabalhista?

De acordo com o TRT, um processo trabalhista é a reclamação por parte do empregado ou empregador que sofreu algum prejuízo. Ao dar entrada na reclamação trabalhista, esta é distribuída a uma Vara do Trabalho. Antes de dar continuidade a um processo, o juiz propõe conciliação entre as partes, conforme determina a lei.

Se não houver acordo, a demanda judicial será analisada, enquanto a sentença será protelada. À sentença proferida pelo juiz cabe recurso no Tribunal Regional do Trabalho (TRT).

No TRT, a sentença é conhecida como acórdão. Cabe recurso, mas, por ser um recurso técnico, depende de uma análise prévia, feita pela Presidência do TRT. Em seguida, pode ser encaminhado ao TST. Há, ainda, entre esses recursos, aqueles conhecidos como recursos internos, como embargos declaratórios, embargos etc.

Uma vez esgotados todos os recursos, a sentença torna-se definitiva e irrecorrível.

O processo volta à Vara de origem e entra na fase de execução. Nessa fase, são feitos os cálculos para o pagamento da parte vencedora.

7.3.13 Aprendiz e estágio

A maior parte dos anúncios de emprego exigem experiências anteriores. Para quem deseja entrar no mercado de trabalho, é possível recorrer aos programas de Jovem Aprendiz ou estágio, ambos regulamentados pelas leis brasileiras.

a. Aprendiz: direitos e deveres do jovem aprendiz e da empresa

De acordo com o art. 7.º, XXXIII, da Constituição Federal, e o art. 403 da Consolidação das Leis do Trabalho (CLT), a idade mínima fixada para ingresso no mercado de trabalho é 16 anos, com exceção do trabalho de aprendiz, que pode começar aos 14 anos. No Brasil, a Lei do Aprendiz (n. 10.097/2000) entrou em vigor em 19 de dezembro de 2000.

Além disso, a Lei n. 11.180, de 23 de setembro de 2005, que

> Institui o Projeto Escola de Fábrica, autoriza a concessão de bolsas de permanência a estudantes beneficiários do Programa Universidade para Todos – PROUNI, institui o Programa de Educação Tutorial – PET, altera a Lei n. 5.537, de 21 de novembro de 1968, e a Consolidação das Leis do Trabalho – CLT, aprovada pelo Decreto-lei n. 5.452, de 1.º de maio de 1943, e dá outras providências.

O Estatuto da Criança e do Adolescente (ECA), aprovado pela Lei n. 8.069, de 13 de julho de 1990, também prevê nos arts. 60 a 69 o direito à aprendizagem, oferecendo tratamento alinhado ao princípio da proteção integral à criança e ao adolescente.

O **Manual do Aprendiz** foi definido a partir do Decreto n. 5.598, de 1.º de dezembro de 2005, que descreve as condições de trabalho do aprendiz. A formação técnico-profissional é o ponto principal para o jovem aprendiz. Para estar elegível, é preciso ter entre 14 a 24 anos e estar matriculado em curso de aprendizagem profissional em empresas que possuam funcionários regidos pela CLT.

Figura 7.3 - Estágio e aprendizagem: ótimas oportunidades para o ingresso no mercado de trabalho.

De acordo com o Decreto n. 5.598, a aprendizagem é um instituto que cria oportunidades tanto para o aprendiz quanto para as empresas. Essa qualificação profissional auxilia as empresas a formarem mão de obra qualificada para atender às necessidades permanentes de desenvolvimento tecnológico.

FIQUE DE OLHO!

Jovem Aprendiz: o tema envolve uma série de informações aos estudantes e às empresas. Para compreender corretamente as regras, o Governo Federal publicou, em 2014, a edição revista e ampliada do *Manual da Aprendizagem – O que é preciso saber para contratar o aprendiz*, que está disponível para download no site: <http://bit.ly/3bkjWYt>. Acesso em: 9 fev. 2020.

b. Estágio: direitos e deveres do estagiário e da empresa

O estágio é regulamentado pela Lei n. 11.788, de 25 de setembro de 2008. Considerado um ato educativo supervisionado, em um ambiente de trabalho segundo o Ministério do Trabalho e Emprego (MTE), visa à preparação do estagiário a uma educação especial profissional, que promove a contextualização curricular das entidades de ensino e contempla uma educação voltada a vida cidadã.

Existe também o estágio obrigatório, que é um pré-requisito pedagógico de curso auxiliar, técnico ou de graduação para obtenção do diploma e que atenda aos requisitos do MTE e do Ministério da Educação (MEC) – descritos no 1.º do Art. 2.º da Lei n. 11.788/2008, na modalidade profissional de educação para jovens e adultos.

Compete ao estagiário e à instituição educacional elaborar um termo de compromisso que contemple todas as exigências da lei, que pode ser consultada na Cartilha Esclarecedora à Lei do Estágio, do Ministério do Trabalho e Emprego. Saiba mais no link <https://bit.ly/2StyhZS>. Acesso em: 09 fev. 2020.

Todas as pessoas jurídicas – empresas privadas, administração pública direta, autarquias e fundações – podem contratar estagiários. O estágio também é permitido a profissionais liberais, desde que devidamente registrados em seus conselhos de classe.

De acordo com a lei, a empresa precisa celebrar um contrato de termo de compromisso com a instituição de ensino e o educando e zelar pelo seu cumprimento em condições adequadas ao estágio. Ao promover as atividades educacionais, o empregador deve zelar também pela saúde e segurança do estagiário.

Nos termos de compromisso do estágio a empresa é obrigada a emitir um relatório de atividades do estagiário, com periodicidade de entrega à instituição educacional.

De acordo com o art. 10, da Lei n. 11.788/08, a jornada diária de estágio é assim definida:

> I – 4 (quatro) horas diárias e 20 (vinte) horas semanais, no caso de estudantes de educação especial e dos anos finais do ensino fundamental, na modalidade profissional de educação de jovens e adultos;
>
> II – 6 (seis) horas diárias e 30 (trinta) horas semanais, no caso de estudantes do ensino superior, da educação profissional de nível médio e do ensino médio regular.

O período máximo de estágio na mesma empresa é de dois anos. Nos dias de prova na instituição de ensino, pode haver redução da jornada.

Figura 7.4 - O estágio é uma oportunidade para criar relações profissionais.

TRABALHO, EMPREGO E EMPREENDEDORISMO

O estagiário não recebe salário, mas, sim uma bolsa-estágio, que varia de acordo com cada empresa. Estão incluídos também auxílio-transporte para as despesas de deslocamento, além de outros benefícios não obrigatórios (ficam a critério de cada organização, mas não criam vínculo empregatício). Além disso, todo estagiário tem um seguro contra acidentes pessoais, realizado no ato da assinatura do termo de compromisso entre as partes.

A cada 12 meses, o estagiário tem direito a um recesso de 30 dias remunerados, que geralmente deve coincidir com o período de férias escolares. O recesso também pode ser proporcional, desde que o período de estágio seja menor e contemple o período de férias.

O contrato de estágio pode ser rescindido a qualquer momento por qualquer uma das partes. A incidência ou não de ônus dependerá do contrato estabelecido.

FIQUE DE OLHO!

Apesar de a Cartilha Esclarecedora sobre a Lei do Estágio (Lei n. 11.788/2008), disponível no site para download no endereço <https://bit.ly/2vniuno>, afirmar que estágio não é trabalho, algumas Varas do Trabalho ajuízam reclamações trabalhistas, com base em jurisprudência. O próprio MTE disponibiliza endereço para esclarecimentos: MTE – Ministério do Trabalho e Emprego – Coordenação-Geral de Preparação e Intermediação de Mão de Obra Juvenil (CGPI) – Esplanada dos Ministérios, Bl. F, Ed.-Sede, Sobreloja, sala 30 – CEP: 70059-900 – Brasília/DF. Tel.: (61) 3317-6553/6983. E-mail: estagio.sspe@mte.gov.br.

7.4 Modalidades de empresas

As oportunidades de trabalho não estão disponíveis apenas na forma tradicional de um emprego com CTPS. Além dessa opção, também podemos escolher ser trabalhadores autônomos ou liberais; quem tem perfil empreendedor, pode optar por abrir a própria empresa.

Independentemente da sua escolha, é necessário entender como as empresas são constituídas. Veja a seguir as principais modalidades de empresas.

7.4.1 Naturezas jurídicas das empresas

De acordo com Tajra (2014), quando pensamos em abrir uma empresa, nos vemos diante de uma escolha: que tipo de empresa abrir? Qual será a natureza jurídica dessa empresa? Vejamos a seguir as principais opções utilizadas pelos empreendedores de pequeno porte:

▸ **Empresário individual (EI)**: é a pessoa que abre uma empresa sozinha, emprestando seu nome para constituí-la, seja seu nome completo ou abreviado. Nessa natureza, o empresário não possui diferenciação entre seus bens e os da empresa, ou seja, ele responde de forma ilimitada em relação ao seu patrimônio pessoal (terrenos, apartamentos, casas, carros etc.) caso possua dívidas em nome da pessoa jurídica. Essa responsabilidade também é estendida ao cônjuge, caso o regime do casamento seja o de comunhão de bens.

▸ **Empresa Individual de Responsabilidade Limitada (EIRELI)**: é a modalidade específica de empresa individual que pode ser constituída por uma única pessoa (jurídica ou física), porém possui responsabilidade limitada conforme o capital social da empresa, diferentemente da EI, que não diferencia a responsabilidade sobre o capital da empresa em relação ao do próprio empresário.

▶ **Microempreendedor Individual (MEI)**: é uma modalidade de empresa individual, porém com características específicas conforme a lei complementar citada anteriormente que é decorrente da Lei Geral das Micro e Pequenas Empresas (Lei n. 123, de 14 de dezembro de 2006).

Nessa modalidade, o empreendedor é beneficiado pela isenção dos impostos federais, pagando apenas uma taxa mensal, parte da qual será destinada ao ICMS ou ISS e outra parte à Previdência Social, dando-lhe direito a benefícios como auxílio-maternidade, auxílio-doença, aposentadoria, entre outros.

O microempreendedor individual (MEI) somente pode ter um funcionário contratado, que não poderá ganhar mais do que o piso de sua categoria. O regime de contratação desse funcionário segue as diretrizes das leis trabalhistas previstas na CLT.

Para ser enquadrado nessa modalidade é preciso se encaixar nas ocupações permitidas por lei. Assim, não basta ser empreendedor individual, tem que se enquadrar nos requisitos legais. Para conhecer as atividades que podem ser enquadradas como MEI, visite o site do Portal do Empreendedor[1].

▶ **Sociedade limitada**: é a empresa constituída pela associação de duas ou mais pessoas (físicas ou jurídicas) para a realização de um determinado objetivo, seja no segmento industrial, do comércio ou serviço, com o intuito de exploração econômica dessa atividade.

As responsabilidades dos sócios dessas empresas estão limitadas ao capital descrito no contrato social, ou seja, caso essa empresa contraia dívidas, elas não recaem sobre o patrimônio pessoal dos sócios.

AMPLIE SEUS CONHECIMENTOS

Os empresários possuem obrigações tributárias, conforme a constituição das empresas, poderão ter diferentes tipos de impostos a recolher (federais, estaduais e/ou municipais). Os principais impostos federais são: Imposto de Renda, PIS, Cofins, IPI e CSLL. O ICMS é um imposto estadual calculado sobre as mercadorias comercializadas, e o ISS é o imposto municipal calculado sobre os serviços. Saiba mais acessando o site da Receita Federal: < http://www.receita.fazenda.gov.br>.

De acordo com TAJRA (2014), além das modalidades citadas, existem outras modalidades:

▶ **Sociedade anônima**: é uma modalidade de empresa privada com interesse mercantil, em que a constituição do capital é realizada pelo somatório das ações, com a responsabilidade dos sócios ou acionistas limitada ao preço das ações. Essa modalidade possui uma legislação específica, que é a Lei n. 6.404/76, que regulamenta toda a sua operação e suas obrigações tributárias.

▶ As sociedades anônimas são classificadas em abertas e fechadas. As abertas são aquelas que vendem suas ações na Bolsa de Valores.

▶ **Cooperativas**: a cooperativa é uma sociedade mercantil sem fins lucrativos que é constituída a partir da união de pelo menos 20 pessoas para desenvolver alguma atividade dentro de algum dos treze

---

1 DISPONÍVEL EM: <HTTP://WWW.PORTALDOEMPREENDEDOR.GOV.BR>. ACESSO EM: 27 MAIO 2020.

segmentos: agropecuário, de saúde, de educação, de consumo, de crédito, especial, habitacional, de infraestrutura, mineral, de produção, de transporte, de trabalho e de turismo.

No Brasil, o mercado das cooperativas é regulamentado pela Lei n. 5.764, de 16 de dezembro de 1971.

▶ **Associações**: são constituídas por pessoas que possuem interesses comuns em superar dificuldades e proporcionar benefícios aos seus associados. As associações não têm finalidade lucrativa, e algumas podem inclusive ser consideradas filantrópicas, conforme a Lei n. 12.101, de 27 de novembro de 2009.

Se você quiser conhecer todas as possíveis modalidades de naturezas jurídicas das empresas no Brasil, visite o site da Receita Federal no endereço <https://bit.ly/2Reib5O>.

7.4.2 Classificação das empresas

De acordo com TAJRA (2014), no Brasil, de uma forma geral, as empresas são classificadas de acordo com seu faturamento e o número de funcionários formalmente contratados que possuem. Essas classificações são utilizadas por algumas instituições financeiras para a definição de créditos. O próprio governo também utiliza a classificação do porte financeiro (entenda-se faturamento) para definir benefícios tributários. As principais classificações são segundo o porte do faturamento e do número de funcionários, e são estabelecidas das seguintes formas:

a. De acordo com o porte

Tabela 7.1 - Classificação das empresas de acordo com o porte

Modalidade	Legislação	Faturamento
Empreendedor Individual – EI	Lei Complementar n. 123/2006	Até R$ 81.000,00
Microempresa – ME	Lei Complementar n. 123/2006	Até R$ 360.000,00
Empresa de Pequeno Porte – EPP	Lei Complementar n. 123/2006	De R$ 360.000,01 até R$ 4.800.000,00

b. De acordo com o número de empregados

Tabela 7.2 - Classificação das empresas de acordo com o número de empregados

Indústria	Comércio e serviços
Micro: com até 19 empregados **Pequena:** de 20 a 99 empregados **Média:** de 100 a 499 empregados **Grande:** mais de 500 empregados	**Micro:** até 9 empregados **Pequena:** de 10 a 49 empregados **Média:** de 50 a 99 empregados **Grande:** mais de 100 empregados

Essas definições são utilizadas pelo Instituto Brasileiro de Geografia e Estatística (IBGE) e adotadas pelo Serviço Brasileiro de Apoio às Micro e Pequenas Empresas (Sebrae).

7.4.3 Abertura de empresas

De acordo com Tajra (2014), agora que já conhecemos as principais modalidades de pessoas jurídicas, as classificações das empresas segundo o porte do faturamento e o número de empregados, é possível identificar que tipo de empresa deverá ser aberto. A fase seguinte é conhecer os passos para a abertura da empresa. Veja um resumo das principais etapas na Figura 7.4 e, em seguida, a descrição de cada uma delas.

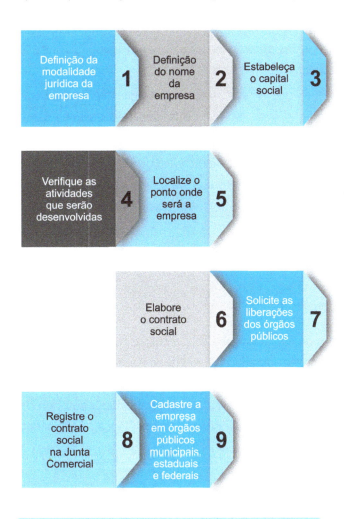

Figura 7.5 - Passo a passo para a abertura de uma empresa.

- Verifique com um contador qual é a melhor modalidade jurídica para a sua empresa.
- Defina o nome da sua empresa. Nesse caso, pode-se ter um nome fantasia, que é o nome pelo qual a empresa será conhecida no mercado.

- Defina a razão social, que é o nome da sociedade empresária.

- Estabeleça qual será o capital social da empresa, ou seja, com quanto a empresa dará início às suas atividades. Quais serão os valores necessários para começar, o que será necessário para fazer as primeiras compras, equipamentos etc.?

- Verifique quais serão as atividades desenvolvidas pela empresa, que poderão ser: prestação de serviços, indústria, comércio atacadista e comércio varejista. Essas atividades definirão os objetivos da empresa.

- Verifique o ponto em que será a sede e a operação da empresa. Em relação ao ponto, é necessário verificar na sua cidade a Lei de Zoneamento, porque, dependendo da atividade que você vá realizar, podem existir restrições quanto ao local de funcionamento.

- Após ter todas essas definições, peça ao contador ou a um advogado que elabore o contrato social, que é o documento que constituirá a empresa.

- Conforme a empresa que você vai abrir, serão necessárias diferentes liberações dos órgãos públicos, sejam elas do Corpo de Bombeiros, da Agência Nacional de Vigilância Sanitária, de órgãos vinculados ao meio ambiente, entre outros.

- De posse de todas essas informações, é necessário registrar o contrato social na Junta Comercial ou no órgão competente na sua cidade, em seguida efetuar o cadastro na Receita Federal para obter o CNPJ, solicitar as inscrições municipal e estadual, o registro no INSS e, se necessário e, por fim, verificar se sua atividade está vinculada a algum sindicato.

Depois de seguir esses passos, sua empresa estará devidamente legalizada para iniciar as atividades.

7.5 Procuram-se talentos!

Quem busca se tornar um profissional talentoso, precisa, acima de tudo, gerenciar os seus pensamentos para potencializá-los e alcançar seus objetivos. Acredite: se tiver disciplina, você consegue. Cada dia é uma nova realidade. O sucesso que alguém teve no passado não garante o sucesso no futuro. Portanto, veja o que está mais adequado ao seu perfil profissional: ser um trabalhador autônomo, ser um empresário ou ser um empregado formal. Não existe a melhor opção. A melhor opção é aquela que se encaixa ao seu perfil pessoal e profissional. É diante dessas oportunidades que você precisa se posicionar e ser o protagonista da sua história.

Nesse cenário, uma das questões que se tornam essenciais é a busca contínua do autoconhecimento. Portanto, faça um plano pessoal e um planejamento de carreira alinhados entre si. Reflita sobre todas as dicas oferecidas neste livro. Coloque em prática tudo o que aprendeu. Siga com dedicação as orientações e realize as mudanças que considerar necessárias. Mas lembre-se: o planejamento com flexibilidade e o sucesso caminham de mãos dadas.

Acredite em você. Seja você o talento de sua vida. Nós acreditamos em você!

VAMOS RECAPITULAR?

Neste capítulo, explicamos o que são Pessoa Física, Pessoa Jurídica, profissionais autônomos e liberais. Analisamos o que é trabalho, suas relações, direitos e deveres. Vimos que o trabalho é um conjunto de atividades realizadas com o objetivo de atingir uma meta. Estudamos ainda que a forma como o homem se organiza difere de época para época.

A Carteira de Trabalho e Previdência Social é um documento obrigatório no Brasil para quem estabelece vínculo empregatício com uma empresa do país, sendo uma prova das relações trabalhistas.

Entendemos quais são os principais tipos de remuneração no país: salário, remuneração, comissões, horas extras, gratificação, prêmios, DSR, adicional noturno, salário-família, abonos habituais *in natura*, adicional de insalubridade, adicional de periculosidade etc.

Detalhamos ainda o sistema de trabalho do aprendiz e de estagiário, que obedecem a regras rígidas e específicas.

Além disso, apresentamos as principais naturezas jurídicas das microempresas e das empresas de pequeno porte, entre elas a do Empreendedor Individual, com e sem limites de responsabilidades; algumas vantagens das Microempresas Individuais (MEI); as definições dos tipos de sociedades, e, ainda, teve acesso a outras modalidades bastante comuns no mercado, que são: sociedades anônimas, cooperativas e associações. Por fim, mostramos os principais passos para a abertura de uma empresa.

AGORA É COM VOCÊ!

1. A CLT define para o trabalhador uma série de direitos e deveres legais. Um desses direitos é a gratificação de Natal ou 13º salário. O que é a gratificação de Natal, criada no Brasil pela Lei n. 4.090, de 13 de julho de 1962? Qual é a sua vantagem para o trabalhador e para o empregador?

2. Sabemos que todo trabalhador necessita de descanso, seja para produzir melhor ou para cuidar da própria saúde. Assim, a CLT prevê o descanso como direito do trabalhador. Com base no que foi apresentado, responda: o que é o descanso obrigatório? Como ele se constitui?

3. O mercado de trabalho é muito ativo e dinâmico. Num período, as empresas têm muitos contratos e clientes; e, em outros momentos; perdem clientes e contratos. Tal dinamicidade pode gerar demissões nas organizações. Para que o trabalhador não fique desamparado, a legislação brasileira criou o seguro-desemprego. Quem tem direito a esse benefício?

4. Se você optar por ser dono do seu próprio negócio, deverá conhecer as modalidades de empresas. Relacione quais são as modalidades de empresas e o que cada uma delas faz.

5. Na sua opinião, quais são as principais vantagens e desvantagens nas diferentes opções de carreiras: empregado, trabalhador autônomo e empresário?

BIBLIOGRAFIA

ABSOLAR. Disponível em: <http://www.absolar.org.br/infografico-absolar-.html>. Acesso em: 20 jan. 2020.

ANUÁRIO DAS NAÇÕES UNIDAS. Disponível em: <http://www.onu.org.br/>. Acesso em: 20 jan. 2020.

BORDIN FILHO, S. **Marketing pessoal – 100 dicas para valorizar sua imagem**. 2. ed. Rio de Janeiro: Record, 2002.

BRASIL. Ministério do Trabalho e Emprego (MTE). **Cartilha esclarecedora da lei do estágio**. Disponível em: <https://www.inqc.org.br/estagios/Cartilha_Lei_Estagio.pdf>. Acesso em: 20 jan. 2020.

_____. Receita Federal do Brasil. **Tabela de Natureza Jurídica e Qualificação do Representante da Entidade**. Disponível em: < https://bit.ly/2R9gaJi>. Acesso em: 20 jan. 2020.

_____. **Consolidação das Leis do Trabalho (CLT)**. Disponível em: <https://www2.senado.leg.br/bdsf/bitstream/handle/id/535468/clt_e_normas_correlatas_1ed.pdf>. Acesso em: 20 jan. 2020.

_____. **Emprega Brasil**. Disponível em: <https://servicos.mte.gov.br/>. Acesso em: 27 jan. 2020.

_____. Emenda Constitucional n. 103, de 12 de novembro de 2019. **Diário Oficial da União**, 13 nov. 2019. Disponível em: <http://www.planalto.gov.br/ccivil_03/constituicao/emendas/emc/emc103.htm>. Acesso em: 9 fev. 2020.

_____. Lei n. 4.090, de 13 de julho de 1962. **Diário Oficial da União**, 26 jul. 1962. Disponível em: <http://www.planalto.gov.br/ccivil_03/leis/L4090.htm>. Acesso em: 7 fev. 2020.

_____. Lei n. 5.764, de 16 de dezembro de 1971. **Diário Oficial da União**, 16 dez. 1971. Disponível em: <http://www.planalto.gov.br/ccivil_03/LEIS/L5764.htm>. Acesso em: 20 jan. 2020.

_____. Lei n. 6.494, de 7 de dezembro de 1977. Disponível em: <http://www.planalto.gov.br/ccivil_03/LEIS/L6494.htm>. Acesso em: 20 jan. 2020.

_____. Lei n. 8.069, de 13 de julho de 1990. Estatuto da Criança e do Adolescente (ECA). **Diário Oficial da União**, 16 jul. 1990. Disponível em: <http://www.planalto.gov.br/ccivil_03/leis/l8069.htm>. Acesso em: 20 jan. 2020.

_____. **Lei n. 8.859, de 23 de março de 1994**. Disponível em: <http://www.planalto.gov.br/ccivil_03/leis/L8859.htm>. Acesso em: 20 jan. 2020.

_____. Lei n. 11.788, de 25 de setembro de 2008. **Diário Oficial da União**, 26 set. 2008. Disponível em: <http://www.planalto.gov.br/ccivil_03/_ato2007-2010/2008/lei/l11788.htm>. Acesso em: 20 jan. 2020.

_____. Lei n. 13.467, de 13 de julho de 2017. **Diário Oficial da União**, 14 jul. 2017. Disponível em: <http://www.planalto.gov.br/ccivil_03/_ato2015-2018/2017/lei/L13467.htm>. Acesso em: 9 fev. 2020.

_____. **Manual da Aprendizagem – O que é preciso saber para contratar o aprendiz**. Edição revista e ampliada. Brasília, 10 jan. 2014. Disponível em: <http://www.trabalho.gov.br/images/Documentos/Aprendizagem/Manual_da_Aprendizagem2017.pdf>. Acesso em: 20 jan. 2020.

_____. Portaria n. 914, de 13 de janeiro de 2020. **Diário Oficial da União**, 14 jan. 2020. Disponível em: <http://www.in.gov.br/en/web/dou/-/portaria-n-914-de-13-de-janeiro-de-2020-237937443>. Acesso em: 9 fev. 2020.

_____. **Tribunal de Justiça do Trabalho (TST)**. Disponível em: <http://www.tst.jus.br/>. Acesso em: 29 jan. 2020.

CLARK, T. **Business Model You**: o modelo de negócios. Rio de Janeiro: Alta Books, 2013.

CLARKE, R. Y. **Smart cities and the internet of everything**: the foundation for delivering next-generation citizen services. IDC Government Insights, 2013.

CHOWDHURY, S. **A era do talento:** obtendo alto retorno sobre o talento. São Paulo: Pearson Education do Brasil, 2003.

COVEY, S. **Os 7 hábitos das pessoas altamente eficazes.** Rio de Janeiro: BestSeller, 1995.

CURY, A. **O futuro da humanidade:** a saga de um pensador. Rio de Janeiro: Sextante, 2005.

CURRÍCULO. Disponível em: <http://fazercurriculo.com.br/>. Acesso em: 20 jan. 2020.

DISNEY. **Clássicos Favoritos de Todos os Tempos**. São Paulo: Brimar, 1998.

FISCHER, R.; PATTON, B.; URY, W. **Como chegar ao sim**. Rio de Janeiro: Imago, 1994.

FRIEDMAN, T. L. **O mundo é plano:** uma breve história do século XXI. Rio de Janeiro: Objetiva, 2005.

KAPUTA, C. **VC é uma marca:** como pessoas inteligentes se autopromovem para o sucesso nos negócios. São Paulo: Ideia & Ação, 2008.

LINKEDIN. Disponível em: <http://www.linkedin.com>. Acesso em: 20 jan. 2020.

MAFFESOLI, M. **O tempo das tribos**. Rio de Janeiro: Forense Universitária, 1998.

MEIRELLES, F.S. **30ª Pesquisa Anual do uso das Tis nas Empresas**. 2019. Disponível em: <https://eaesp.fgv. br/sites/eaesp.fgv.br/files/pesti2019fgvciappt_2019.pdf>. Acesso em: 27 jan. 2020.

ORGANIZAÇÃO DAS NAÇÕES UNIDAS (ONU). **Desenvolvimento industrial inclusivo e sustentável**: criando a prosperidade compartilhada. Protegendo o meio ambiente. 2014. Disponível em: <https://www. renenergyobservatory.org/uploads/media/ISID-Brochure_PT.pdf>. Acesso em: 27 jan. 2020.

_____. **The World Population Prospects**: The 2017 Revision. Disponível em: <https://population.un.org/wpp/ Publications/Files/WPP2017_DataBooklet.pdf>. Acesso em: 27 jan. 2020.

SANTOS, W. A importância das profissões verdes no contexto atual. Minicurso aplicado no Congresso Concórdia Ambiental. **Biodiversidade e Sustentabilidade.** Concórdia – SC, Universidade do Contestado (UnC), 2010.

_____. **Apresentações profissionais de sucesso**. 29 jun. 2012. Disponível em: <https://bit.ly/30C0Qbf>. Acesso em: 20 jan. 2020

_____. **O futuro do trabalho**. Fórum Mundial das Profissões. Brasília, 2010.

_____. Procuram-se talentos. **Jornal Pravda.** 22 jun. 2012. Disponível em: <https://bit.ly/37hXtJa>. Acesso em: 20 jan. 2020.

_____. Profissões verdes. **Revista Visão Ambiental**. 3. ed. São Paulo, 2009.

_____. **Técnicas de negociação como fator estratégico**. 2014. Disponível em: <https://bit.ly/2O9ILwa>. Acesso em: 20 jan. 2020.

SCHWAB. **Annual Report**. 2018 Disponível em: <https://www.aboutschwab.com/annual-report>. Acesso em: 27 jan. 2020.

TAJRA, S. F. **Comunicação e negociação**. São Paulo: Érica, 2014.

_____. **Empreendedorismo**: conceitos e práticas inovadoras. São Paulo: Érica, 2014.

_____. **Informática na Educação**. São Paulo, Érica, 2019.

_____. **Planejamento e informação**: métodos e modelos organizacionais para saúde pública. São Paulo: Érica, 2014.

PETERS, T. Corra – Bem-vindo à Era do Eu S.A. Você não é um título ou um cargo numa empresa. Você é uma marca. Administre-a ou você está frito. **Revista Exame**. 643 ed. São Paulo: Abril, 27 ago. 1997.

TOFFLER, A. **A Terceira Onda**. 17. ed. Rio de Janeiro: Record, 1981.

_____. **O Choque do Futuro**. Rio de Janeiro: Record, 1998.

TWITTER. Disponível em: <https://twitter.com/>. Acesso em: 20 jan. 2020.

University of Navarra. **Cities in Motion Index**, 2019. IESE Business School. Disponível em: <https://media.iese.edu/research/pdfs/ST-0509-E.pdf>. Acesso em: 27 jan. 2020.

VYGOTSKY, L. **A formação social da mente**. São Paulo: Martins Fontes, 1984.

WHATSAPP. Disponível em: <http://www.whatsapp.com>. Acesso em: 20 jan. 2020.